住宅节能实用小窍门 500 例

赵双禄　编著

U0250806

中国建筑工业出版社

图书在版编目（CIP）数据

住宅节能实用小窍门 500 例/赵双禄编著. —北京：
中国建筑工业出版社，2018.12
ISBN 978-7-112-22734-1

Ⅰ. ①住…　Ⅱ. ①赵…　Ⅲ. ①居住建筑-节能-
建筑设计-案例　Ⅳ. ①TU241

中国版本图书馆 CIP 数据核字（2018）第 220919 号

住宅节能实用小窍门 500 例
赵双禄　编著

*

中国建筑工业出版社出版、发行（北京海淀三里河路 9 号）
各地新华书店、建筑书店经销
霸州市顺浩图文科技发展有限公司制版
北京市密东印刷有限公司印刷

*

开本：850×1168 毫米　1/32　印张：5¾　字数：158 千字
2018 年 12 月第一版　2018 年 12 月第一次印刷
定价：**25.00** 元
ISBN 978-7-112-22734-1
（32843）

本书以简明扼要的方式回答了以下三个问题：1. 您目前居住的建筑或待建建筑处于何种节能水平？2. 如何对其进行节能改造？3. 如何选择具体的节能改造措施？

　　为适合普通非专业读者阅读，本书首先对建筑节能所涉及的基本概念，进行了简要阐释。以此为基础，针对住宅节能，作者总结了 500 余个简单易行的具体措施，以帮助读者对所居住的建筑节能水平加以评估，并选择适合自己的节能小窍门。

　　责任编辑：王　梅　刘婷婷

　　责任校对：李美娜

本书献给:

全国广大农村及城市建筑发烧友们;

关心自家建筑如何更加舒适的住户们;

从事建筑新建及改建的设计师及装修师们。

本文将从崭新的角度简要回答下列问题:

1. 您已有的建筑或待建建筑的节能水平;

2. 如何对其进行节能改造;

3. 如何选择具体的节能改造措施。

目　　录

引　言

为了分析问题方便，首先请发烧友提供如下建筑资料：

1. 建筑平面图及南向立面图；

2. 建筑外墙结构及尺寸；

3. 窗玻璃类型。

注：读者所参考下文所附表 1～表 3，快速查阅基础热工材料性能。

在上述资料的基础上，可计算出建筑节能的几个基本参数如下：

1. 房形系数 n：

指单位建筑容积所含有外墙面积的大小，单位为 m^{-1}，紧凑结构可达 0.1～0.15，开放结构可达到 0.5 以上。

2. 外墙材料或组合的平均值传热系数 K 可暂不作计算。

3. 窗墙面积比。

4. Kn 值的应用：

（平均传热系数 K×房形系数 n）表示外围护结构，在室内外温差为 1℃ 时，单位建筑面积所传输的热能，其量纲为 W/(m^2·K)。

通常普通房屋的净高可按 3m 计，则单位面积的传热量为：

（设计温度－室外温度）×3×Kn

为了应用方便，影响平均传热系数的墙体、窗户（玻璃）类型及大小直接代入典型数据，选取 Kn 值（表 3）。

以北京地区为例，1 月份室外平均温度 2～10℃，外围护结构为1砖半砖砌体，玻璃是单玻璃，房形系数为0.2，窗墙面积比为0.3。由 Kn 值表查为0.62。

则单位面积耗热量为 $(20+10) \times 3 \times 0.62 = 55.8K/m^2$，相当于北京建筑节能改造前的水平。

几点补充说明：

1. 建筑的通风能耗

建筑通风包括不可控的风和可控的风，不可控的风要尽可能克服，而可控的健康通风是必保的。

$$单位通风能耗 = 室内外温差 \times (C_p \cdot P \cdot N \cdot V)$$

式中：C_p——空气比容；

$\quad\quad P$——当时空气密度；

$\quad\quad V$——换1次气的容积；

$\quad\quad N$——换气次数，一般可取 0.5/h。

即：单位通风能耗 = 室内外温差 $\times 0.168W/(m^2 \cdot K)$。

如果只考虑外围护结构的温差散热和通风能耗时，建筑单位能耗量：Q = 室内外温差 $\times (Kn+0.168)$。

建筑节能首要的是降低外围护结构的传热能耗，即使 Kn 值减小，但当其与0.168接近时，通风能耗也占有相当的比重，也必须考虑。此时可作为节能的一个标志，以北京1月份为例，应为 $(20+10) \times 0.168 \times 2 \times 3 = 30.24W/m^2$。

从 Kn 值表中看到，若要达到红框之内，不在外墙隔热保温或窗户上下功夫是很难做到的。

2. 太阳能对建筑能耗的作用

前述分析未考虑太阳能的作用，显然是不全面的，在采暖季希望多吸收太阳能以提高建筑的舒适度，降温季却要减小太阳能的作用也是为了增加舒适度。太阳能是由南向窗引进，增大窗面积就可多获得太阳能，但窗又是散热的"黑洞"，面积越大散热越多，对于窗来讲，它既吸热又散热，力求窗在采暖季成为得热元件。

3. 建筑节能的步骤

建筑节能是国家节能的重要一环，而且是个繁杂的系统工程，就整体而言，必须要有步骤地推进。以北京地区（寒冷地区）为例，30 年前多为三七砖墙，单玻璃窗，1 月份单耗约在 $50\sim60\text{W}/\text{m}^2$ 上下。

第 1 步是加强外围护结构的保温，如用聚苯乙烯做外墙外保温，把玻璃改为双中空，这样可能使其 Kn 值接近 0.168，单耗达到 $30\ \text{W}/\text{m}^2$ 左右；

第 2 步是外围护结构保温与通风改造同时并举，前者重点在玻璃窗，以求使单耗降至 $15\sim20\text{W}/\text{m}^2$；

第 3 步是向零能耗进军，可使能耗降到 $5\sim10\text{W}/\text{m}^2$，从而为采暖或降温提供有利条件。

外围护结构建筑材料的传热系数表　　　　表 1

名称	导热系数 λ $[\text{W}/(\text{m}\cdot\text{K})]$	典型长度 (m)	材料热阻 $R_材$ $(\text{m}^2\cdot\text{K}/\text{W})$	总热阻 R $(\text{m}^2\cdot\text{K}/\text{W})$	传热系数 K $[\text{W}/(\text{m}^2\cdot\text{K})]$
钢筋混凝土	1.74	立筋墙 0.3	0.172	0.322	3.11
重砂浆砌筑黏土砖砌体	0.81	半砖 0.12	0.148	0.298	3.36
		一砖 0.24	0.296	0.446	2.24
		一砖半 0.37	0.444	0.594	1.68
		二砖 0.48	0.592	0.642	1.56
聚苯乙烯泡沫塑料	0.042	0.1	2.38	2.53	0.395
平板玻璃	0.76	0.006	0.00789	0.15789	6.33
双中空玻璃					3.63
公式	λ	δ	δ/λ	$R_材+R_i+R_e$	$1/R$

注：1. $R_i=0.11$，$R_e=0.04$。

　　2. 计算的双中空玻璃热阻为：$0.11+0.04+0.00789\times2+0.11=0.27578$，传热系数为 $1/0.27578=3.63$，但实用的传热系数 K：平板玻璃为 6.33，双中空玻璃为 3.63，现以此为准。

　　3. 多个外墙均为同一材质，但窗墙面积比不大，可取其平均值，插入计算。

外墙的平均传热系数表 [W/(m²·K)]

表 2

外墙	玻璃	单玻 (6.4)			双层中空 (3.4)			三层充气镀膜 (1.0)			单玻＋10cm 聚苯乙烯 (0.372)		
	窗墙面积比	0.35	0.30	0.25	0.35	0.30	0.25	0.35	0.30	0.25	0.35	0.30	0.25
	半砖 (3.36)	4.315	4.27	4.12	3.374	3.372	3.37	2.534	2.652	2.77	2.314	2.46	2.613
	1 砖 (2.24)	3.696	3.488	3.28	2.65	2.59	2.53	1.81	1.868	1.93	1.59	1.68	1.773
	1 砖半 (1.68)	3.33	3.096	2.86	2.28	2.20	2.11	1.442	1.476	1.51	1.44	1.288	1.353
	2 砖 (1.56)	3.25	3.012	2.77	2.204	2.11	2.02	1.364	1.392	1.42	1.144	1.204	1.263
	1 砖半＋10cm 聚苯乙烯 (0.32)	2.448	2.144	1.84	1.398	1.244	1.09	0.558	0.524	0.49	0.338	0.336	0.333

注：1 砖半＋10cm 聚苯乙烯的平均传热系数 $\dfrac{1.68 \times 0.395}{1.68 + 0.395} = 0.32$，单玻＋10cm 聚苯乙烯的平均传热系数 $\dfrac{6.4 \times 0.395}{6.4 + 0.395} = 0.372$。

平均传热系数×房形系数 (Kn) [W/(m²·K)]

表 3

外墙	玻璃		单玻 (6.4)			双层中空 (3.4)			三层充气镀膜 (1.0)			单玻＋10cm 聚苯乙烯 (0.372)		
	窗墙面积比	房形系数	0.35	0.30	0.25	0.35	0.30	0.25	0.35	0.30	0.25	0.35	0.30	0.25
半砖		0.1	0.432	0.427	0.412	0.3374	0.3372	0.337	0.254	0.265	0.277	0.231	0.246	0.261
		0.3	1.296	1.281	1.236	1.012	1.012	1.011	0.762	0.795	0.831	0.693	0.738	0.783
		0.7	3.024	2.99	2.88	2.362	2.36	2.36	1.778	1.855	1.94	1.617	1.722	1.827

续表

外墙		房形系数	单玻 (6.4)			双层中空 (3.4)			三层充气镀膜 (1.0)			单玻+10cm聚苯乙烯 (0.372)		
	一砖半	0.1	0.367	0.349	0.328	0.265	0.259	0.253	0.181	0.187	0.193	0.159	0.168	0.177
		0.3	1.101	1.047	0.984	0.795	0.777	0.759	0.543	0.561	0.579	0.477	0.504	0.531
		0.7	2.57	2.443	2.296	1.855	1.813	1.771	1.267	1.309	1.351	1.113	1.176	1.239
	一砖半	0.1	0.333	0.310	0.286	0.228	0.22	0.211	0.144	0.148	0.151	0.144	0.129	0.135
		0.3	0.999	0.93	0.858	0.684	0.66	0.633	0.432	0.444	0.453	0.432	0.387	0.405
		0.7	2.331	2.17	2.002	1.596	1.54	1.477	1.008	1.036	1.057	1.008	0.903	0.945
	二砖	0.1	0.325	0.301	0.277	0.220	0.211	0.202	0.1364	0.1392	0.142	0.1144	0.1204	0.1263
		0.3	0.975	0.903	0.831	0.66	0.633	0.606	0.409	0.418	0.426	0.343	0.361	0.379
		0.7	2.275	2.107	1.939	1.54	1.477	1.414	0.955	0.974	0.994	0.801	0.843	0.884
	一砖半+10cm聚苯乙烯	0.1	0.2448	0.2144	0.184	0.14	0.124	0.109	0.0558	0.0524	0.049	0.0338	0.0336	0.0333
		0.3	0.734	0.643	0.552	0.42	0.372	0.327	0.1674	0.1572	0.147	0.1014	0.1008	0.0999
		0.7	1.714	1.501	1.288	0.95	0.868	0.763	0.391	0.367	0.343	0.237	0.235	0.233

玻璃

采暖篇

　　从建筑热力学分析知道，减少外围护结构的面积，提高热阻是减少温差传热的主要途径。

第1章

冬季注意保存室内热量，抵御室外低温

> 建筑的外立面面积与其体积之比为房形系数，单位 m^{-1}，简称 n，显然房形系数越小，其外立面的面积也越小，温差传热也越小。

1. 一般的节能建筑 n 可小到 0.1，单体别墅 n 可达 0.4 以上。当 $n=0.1$ 时，再缩小 0.01，则温差传热能耗可下降 10%。

2. 一栋建筑往往有多扇外墙，而每扇外墙又大小不一，此时房形系数应按下式计算：

$$n = \frac{所有外墙的面积总和}{建筑的体积}$$

$$= \frac{所有外墙的投影长度总和}{建筑的投影面积}$$

图 1-1　采用毗连式建筑
减小外墙面积

3. 若建筑结构为正方体时，n 最小，可是为了在冬季获得更多的太阳辐射，往往结构改为长条形且小进深，能使太阳辐射最大化。

4. 建造毗连式或组团式建

筑会减少外墙的数量，参看图 1-1。

5. 二层的构造与一层相比，n 未变，但少一个压顶散热面，参看图 1-2。

图 1-2　采用紧凑建筑形式和两层楼设计方案

6. 为了减少 n，立面要简洁，不要过多的凹凸。

7. 由于我国经济的发展，越来越多的乡间别墅出现了，尤其是在三北地区，n 值太大，耗能太多，是值得关注的。

> 外围护结构，就是建筑的外皮，有如人的外衣，对建筑保暖、降温都是首要之举。

8. 外围护结构的保温是以采暖为主的地区节能的首选措施，也是当前国家支持的节能项目，包括外墙的隔热和玻璃的改进。

9. 外墙隔热就是减少外墙的传热压力，多数是采用"外保温"方式，即在外墙外侧张贴隔热板材料，它在节能改造的初期，可节能 20%～30%。

10. 窗户改造主要是更换更加隔热的玻璃，用中空玻璃代替单层的青玻璃，它可节能 40％ 以上。上述外墙及玻璃改造最好是同时进行，效果会更好。

墙体是建筑的结构件、集热件，也是散热件。它占外围护结构的大部分，对建筑节能至关重要。

11. 单体的砖、石、混凝土或秸秆泥等的原始结构，如图 1-3。

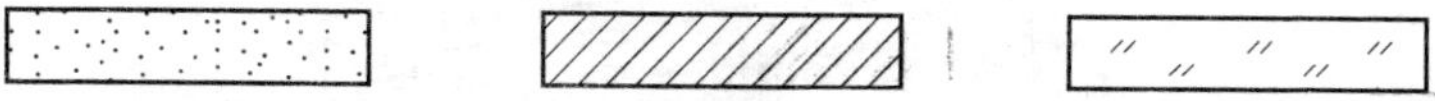

保温材料　　　　　隔热材料　　　　　玻璃

结构	名称	特点
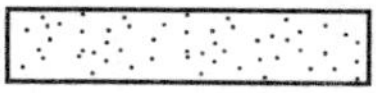	单体保温材料砖、石等	单独砌体
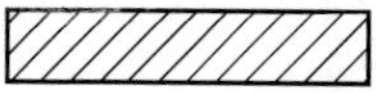	单体隔热材料外包铝、铁皮	只隔热不保温临设用
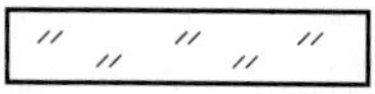	单体玻璃	做阳光房等用
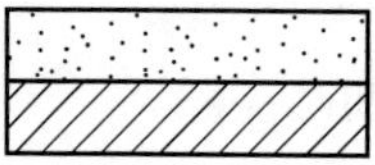	保温材料与隔热材料组合	内保温、外保温
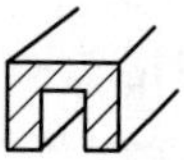	空心砖	高热阻墙体
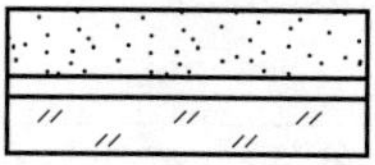	保温材料在内，玻璃在外，中间有空气隙	图洛姆墙双层皮墙
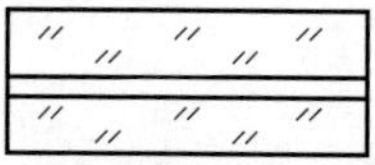	玻璃之间有空气隙	双层玻璃墙
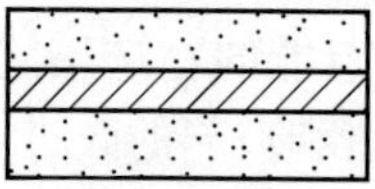	内外为保温材料中间夹隔热材料	"三明治"高热阻墙
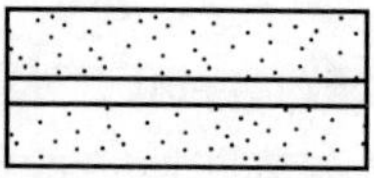	内外为保温材料中间为空气隙	加开口后为可守吸墙
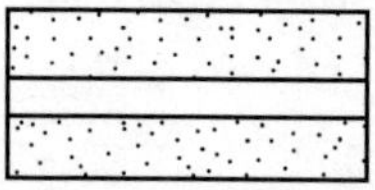	内外为保温材料，中间为空气隙，隙中贴100层铝箔	带有辐射屏障的墙

图 1-3（一）

结构	名称	特点
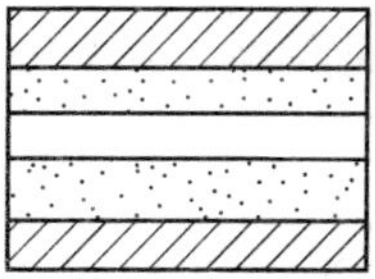	外层为隔热材料内层为保温材料，中间有空气隙及铝箔	有极大热阻的墙

图 1-3（二）

12. 单体的隔热板材，好外包铝、薄钢板，只有隔热没有保温，常做临设用房。

13. 单体的玻璃或有机玻璃，可用做接受太阳辐射的阳光房、围廊、附加电梯或拔热烟囱等。

14. 保温材料与隔热材料的组合，如砖墙上张贴聚苯乙烯板，通常是"外保温"形式，这是当前外墙保温的主要方式。

15. 空心砖墙，多为用矿渣、炉灰等制成的砌体，其内芯留有不同形状的空隙，虽然它的强度不高，但其传热性能优于砖砌体。

16. 保温材料与其前面的玻璃之间有小的间隙，利用其温室效应，接收太阳辐射，如图洛姆墙、双层皮墙等。

17. 玻璃与玻璃间有小的间隙，构成双层玻璃皮墙。

18. 内外为保温材料，中间为隔热材料，称为"三明治"，兼顾热阻与热容，隔热与蓄热。

19. 内外为保温材料，中间为空气层，打开上下开口，空气就可流动，称为可呼吸的墙，开口关闭时空气层便是一个热阻。

20. 内外为保温材料，中间有较宽的空气层，并加 1～2 层铝箔，形成辐射屏障，这是一种有较大热阻的墙结构。

21. 外侧为"外保温"的保温材料与隔热材料的组合，其余和第 20 例一样，构成了具有更大热阻的结构。

22. 覆土填埋北墙，附图 1-4。

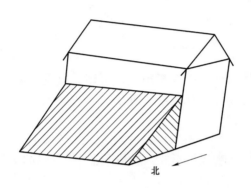

北

图 1-4　覆土填埋北墙

23. 气囊墙是一种选择性透射膜，太阳辐射的穿透率随着温度变化而变化，具有很好的隔热效果。

24. 半透明隔热材料墙，是由多孔介质构成的既可透气又有一定的传热系数的新材料。

25. 塑料颗粒填充墙，在双层玻璃间填充塑料颗粒，夜间颗粒充满玻璃间隙，以增强保温性能，白天将颗粒收起来，让阳光透过玻璃，夏季亦可反向使用。

26. 通气格栅外墙，用活动的铝片构成格栅附在外墙上，尤其是南墙。当格栅打开时，太阳辐射进入；当它关闭时，不但阻挡了太阳辐射，同时也阻挡了声音、热流和风，见图 1-5。

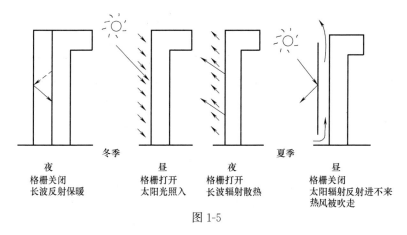

图 1-5

27. 太阳能空气加热墙（SAH），太阳辐射加热了多孔金属板，通过它的被加热的气体经机械通风后传输到室内。

28. 推荐一种轻型内保温结构：
砖砌体—岩棉衬—铝箔—空气层—铝箔—压缩棉—装饰布，总厚约 25～30mm。

29. 攀缘植物墙、涂白漆的墙、旋转墙、上倾或下倾墙等诸多类别，不胜枚举。

> 屋顶是建筑中受太阳辐射时间最长、面积最大的部位。

30. 白天屋顶的温度很高，应以隔热为主，但也要保温，同时也是人们着意处理为各种各样形式以方便使用的好地方。

31. 正常屋面的结构，由上向下：防水层—保温材料—隔汽层。它的缺点是防水层暴露在大气中，遭遇风吹、日晒和雨淋，易老化或破坏。

32. 倒置屋面的结构，由上向下是保温材料—防水层，这样防水层不易破坏，而且施工程序少，成本低。

33. 单纯以保温材料为主体的屋面结构，很难达到隔热的要求，为此必须增加空气间层的概念，它可以是平行于原屋顶的，也可以是倾斜于原屋顶的。空气间层是缓冲层，当其封闭时可视为一个热阻，当其流动时可带走屋顶热量，通常是冬封夏开。

34. 最简单的屋顶，在城市中的砖混平房里常见，在房顶的楼板上抹上一层水泥做保护用。在乡村中，用木梁构成桁架，斜铺檩板，其上置瓦可防雨雪但没有隔热保温的能力，即使室内有吊顶，热工性能的改善也不大。

35. 平顶缓冲层是在房顶上再加一层楼板，中间有 20～30cm 的空气层，其中可加隔热层及铝箔隔热保温，还可通风，这就极大地改善了房顶的热工性能。

36. 在房顶上可架设坡屋顶，在坡下的阁楼内可铺设隔热保温材料，坡上可置通风口，不但在热工性能上有改善，而且在防护能力上也有极大的提高。坡顶的坡度、方向、方位、表面积、材料和颜色等也都要认真设计。

37. 屋顶可设水池，水池通常由 100～250mm 深的水袋组成，并放在平台的金属板上，其下侧即为顶棚表面，上侧是可移动的隔热板，如图 1-6。

采暖模式下，白天移开隔热板，水袋收集太阳辐射，夜间隔热板关上，温热水便将其热量传递到房间。

降温模式下，白天隔热板关上，不使水袋直接接收太阳辐射，夜间隔热板打开，使房间热量通过水袋存贮后再辐射到夜空。

这种方式更适于晴天多的低纬度地区，因为水袋接收的太阳辐射更多。

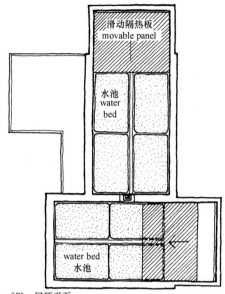

Roof Plan 屋顶平面

图 1-6 太阳石住宅，菲尼克斯，
亚利桑那州，Daniel Aiello 设计

38. 现在城市的公寓楼房尤其是高层楼房的楼顶被视为"禁区"，不许人们随意上去，这是因为物业怕人踏坏楼顶防水层，其实只要把顶层稍加改造，便是个很好的绿化休闲区，可供全楼居民使用。

39. 有些顶层住户，在楼顶上大兴土木，造山开水，甚至建造三层楼高的附属物，影响了全楼的安全是不应该的。

40. 广大农村的自建楼房大都留有房顶平台，既可绿化又可晾晒，应该鼓励。

41. 夏热冬冷地区的楼板薄钢板房的保温改造措施。

15

（1）墙面：内保温可用岩棉，轻隔内墙，涂乳胶漆。

（2）顶棚：轻型钢架，铺矽酸钙板。

（3）窗户：改为气密窗，外加雨棚，厚落地窗帘。

（4）地板：铺海岛型原木地板。

42. 屋顶的倾斜面坡度不同，其接收的太阳辐射量也有差别，以集热为目的的太阳能应用，包括太阳能采暖的集热管等均可改变倾斜面的坡度。

采暖用的最佳倾角为纬度＋15°，制冷用的最佳倾角为纬度＋5°，见图 1-7。

最佳受热面为朝南向，若受热面为东、西向，也可接收相当热量，但最大受热时间不同，见图 1-8。

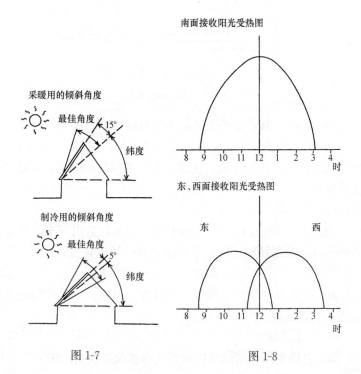

图 1-7　　　　　　　　图 1-8

43. 屋顶采光并引入太阳辐射大致可分为平屋顶、坡屋顶和垂直面开口式天窗。

44. 一种朝南的屋顶集热方法是在南向大屋顶上用黑色轻金属板做装饰并受热，把热空气引入到金属板里面，再用风机和风管把它送到室内地板下进行采暖，见图1-9。

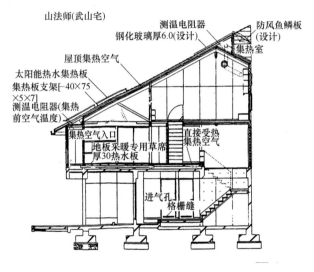

图1-9 山法师（武山宅）

45. 为增加南向受热面积可向南大开，把北墙压得很低，有利于接收太阳辐射及保温，见图1-10。

46. 在南北两侧的大屋顶要降低到建筑二层，可把北风的损失降到最低，南侧构成可直接接收太阳辐射的热不损失的屋顶，见图1-11。

47. 为了及时把热散出去，应在屋顶的外部及内部使空气流动，如有可能也可利用陆地风、海洋风来洗刷建筑。降温季把开

17

口打开，促使空气流动而散热；采暖季把开口关闭，形成封闭空气隙增加热阻，阻止散热，见图1-12。

常夏住宅(千叶县鸭川市,井山武司)

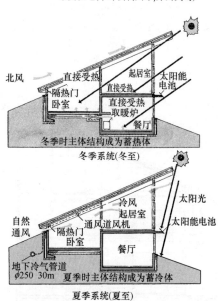

冬季系统(冬至)

夏季系统(夏至)

图 1-10　常厦住宅（千叶县鸭川市井山武司）

48. 屋顶与太空可视为是一小一大两物体，通过辐射相互作用，在采暖季希望屋顶白天能多吸收太阳辐射，夜间少向太空辐射热量，在降温季恰相反。利用相应的辐射材料就可达到这个目的。同时对于室内的热量产生的长波辐射冬季要保留，夏季需排出。

49. 对屋顶上的各种采暖、降温及通风措施，不同的时间段会有不同的要求，故可采用简单的开闭控制来完成。例如：水池的暴露与覆盖，采用通风格栅的开与闭，屋脊通风口的开与关等。

继立住宅

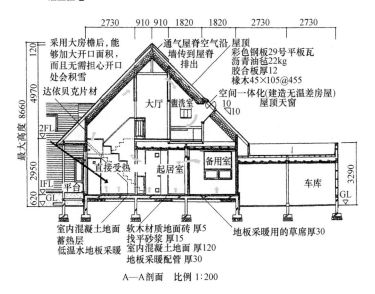

图 1-11 继立住宅

下多贺住宅(石田信男+综合设计机构)

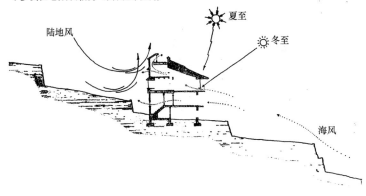

图 1-12 下多贺住宅

50. 屋顶隔热必须要加隔热材料，其厚度应与当地气候条件

有关，冬季寒冷地区应更厚些，但也要考虑夏季要及时散热不宜过厚。

51. 屋顶结构层中必须要有防水层，以防湿气进入屋顶里层，防水层可放在隔热材料之下，见图1-13。

52. 为了防止辐射传热，在隔热材料上面或屋面板的下面放置铝箔或低辐射率的涂料，就可减少辐射传热，降低了传向室内的热量，见图1-13。

53. 屋顶是接收太阳辐射时间最长、面积最大、温度最高的建筑环节，为此，夏季降温冷却、冬季蓄热采暖成为必需。屋顶冷却可使用空气为介质，也可使用水为介质。用空气为介质时，夏季在屋顶上安置辐射冷却板，涂漆的金属板，可把室外空气引入到板上进行冷却，然后送入室内；也可让室外空气在板内循环后，进入室内，见图1-14。还可在冬季把活动板打开，利用太阳能加热管道，然后把热空气送入室内。

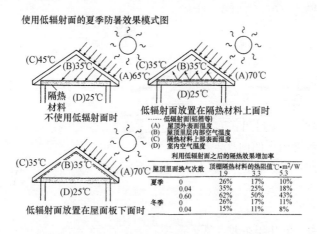

图1-13　使用低辐射面的夏季防暑效果模式图

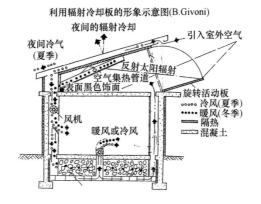

利用辐射冷却板的形象示意图(B.Givoni)

图 1-14　利用辐射冷却板的形象示意图（B. Givoni）

> 阳台是建筑中最活跃的环节，集采光、观赏、晾晒于一身，也是外围护结构中最薄弱的一环，保温、隔热甚至遮阳都需关注。

54. 未封闭的阳台虽可起到观赏及晾晒的作用，但其内隔断已成为外围护结构的一部分，它的性能极大地影响建筑的热工性能，而阳台隔断往往采用玻璃对开门或半开门，热工性能极差。

在夏热冬暖地区，这种开敞结构还是有利于散热降温的，但在寒冷及严寒地区多采用封闭式，即把阳台外墙装上玻璃，以提高保温、防风、防雪性能。

55. 对于封闭式阳台，如何提高它的保温性能至关重要，按常规可做阳台的内外保温，玻璃改为双中空，即便如此也很难达到其所在的外墙的保温水平，值得注意的是阳台多为房屋外伸的悬梁支撑，其荷载不宜过大。

56. 上几年东北地区曾出现由钢板在阳台外墙内侧烘个斜漏斗，内装珍珠岩等粉状隔热材料，效果并不明显，见图 1-15。

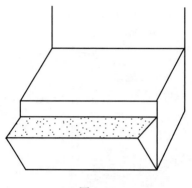

图 1-15

57. 南向阳台，尤其是凸出阳台，封闭后成为一个阳光间，为此可将突出立面下半部用轻型隔热材料密封，上部可采用 Low-E 玻璃；间隔墙可用蓄热材料，白天吸储热量，夜晚放出，减少室内外温差波动；在阳光外墙上下方打口，甚至可装风扇，采暖季可将室内低温空气输到阳光间，并将阳光间热空气输到室内，空调季时，夜晚打开阳光窗及隔断，使冷风冲刷室内热量。

58. 封闭阳台也可不按上述安排，只把它看作一个缓冲间，实测结果表示有封闭阳台的房间温度比无封闭阳台的房间温度高 2℃以上。无疑在冬季有利于节能；但在夏季处理不当，可能导致阳台温度过高，还不如不封闭。此外，还要加强遮阳和通风。

59. 阳台与室内的隔断，可有多种方式：

不用隔断，阳台与房间连通，似乎增大了房间面积，但薄弱的阳台保温隔热条件会给房间带来无穷的后患；隔断可选用推拉的结构，其上置隔热材料，拉上阳台变为阳光间，推开内外穿通，尤其是严寒地区的冬晚，可把隔断材料改为电加热板，效果会更好，但多数还是把隔断造为玻璃门加门帘，这对非严寒地区还是合适的。

60. 阳台的遮阳既可采用外遮阳也可采用内遮阳，内外均可，方式多种多样。下面介绍一种类似图洛姆墙的反射窗帘，将一反射率高的窗帘挂在距外窗 10cm 的内侧形成一个小空间，在外窗上下开通风口，小空间吸收太阳辐射而升温，空气受热上升由上口排出，室外空气由下口进入，这样的空气循环会把热量带走，使阳台的温度低于室外，这是一种巧妙的通风降温方式，值得一提的是这个小空间必须是封闭的。

61. 设置户间南向阳台公共通风烟道

在两户阳台相邻的位置设立统一的通风烟道，可解决南向阳台夏季过热的问题。烟囱要高于楼层 1.5m，涂黑，由于太阳辐射作用其上口温度可达 50～60℃，形成较强的烟囱效应，阳台的空气被拔出，由室内空气补充。

土地是一个容量很大的恒温体，对基础也有保温作用，但更重要的还是抗压和防潮功能。

62. 对地面的保温要求分为三类，一为对于接触室外空气的地板，及不采暖地下室上的地板，应采用保温措施使其达标。

63. 二为对于直接接触土埌的非周边地面，可不做保温处理。

64. 三为直接接触土埌的周边地面，即从外墙内侧算起 2.0m 范围内应做保温处理，使室外冷风经过地面到达地板的途径越长，则热阻越大，具体可参看图 1-16，张贴的隔热材料就为此目的。

极端位置住房是指东、西、北侧住房，由于恶劣的气候，可能会出现西晒、北冷、端墙结露等现象，因而对此应特别关注。

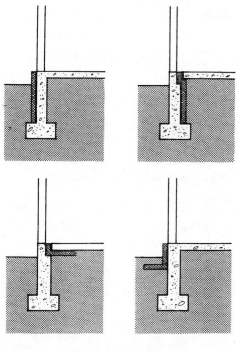

图 1-16

65. 东晒房是指上午阳光辐射会照到东侧房，但因早晨甚至上午室内外温差不大，影响较小，只要控制东窗的面积，不要过大即可。

66. 西晒房在下午会接受很强的太阳辐射，使室内温度升高，由于它的蓄热功能，直到夜晚 12 点还向室内散热，这些都会大幅提高空调能耗，降低舒适度。在冬季由于西北风的作用会使西墙温度下降，从而形成结露，为此西墙的保温至关重要，窗口也不宜过大，可考虑加入反射膜及遮阳设施。

67. 北房接收不到太阳辐射，而且冬季的北风强劲，应该是建筑中最冷的房间，通常把它作为功能房用，可做存贮间，可挂壁毯或软包，不开窗户。

窗户由于本身的传热系数作不到太小，大约是墙体的 3 倍以上，故成为外围护结构传热的"黑洞"。同时渗透也与窗户关系密切，这样与窗户有关的能耗，将占采暖能耗的一半，窗户是专业工厂加工的，市场上有各类型号供用户选择。

---

68. 除了南向，其他方向的窗户要尽可能的小。要保证冬季的南墙成为"吸热元件"，其他向窗户越小越好。北京地区规定，南向窗墙面积比小于 0.35，东西向小于 0.30，北向小于 0.25。

69. 采用双层或三层玻璃窗、低 e 值的涂层、可移动的隔热层覆盖窗户是窗户的发展趋势。

70. 窗户的热阻一般比墙小 3 倍以上，窗户便成外围护结构中散热的"黑洞"，为了增加外围护结构的平均热阻，就要减少窗的面积。但南窗面积减小就会减小对太阳能的获取，这就构成了一对矛盾。南窗面积的增大是可能的，只要保证冬季它是"吸热元件"。事实上，新建的楼房，南窗面积都较大，这样使南面更明亮宽敞，而且还可多摄取太阳能，但要与其他条件相匹配。

71. 在冬季采暖的南北向建筑中，南向窗可接受更多的太阳辐射，而此时季节风主要是北风，吹向楼的北面。只要处理得当，会使得热增加，失热减少，有利于节能。可西向建筑要比南北向建筑增加能耗 5.5%。

72. 由于当地小气候不同，考虑到日照和通风，最佳方向可能偏离正南，可以允许在 ±30° 甚至 ±45° 内变化。

73. 一种南宽北窄的楼型，是可以节省采暖能耗的。

夜间保温技术（可移动隔热层技术）是为了增加窗户的等效热阻，窗户是外围护结构中的散热"黑洞"，可以在其上加 1 块隔热材料，就可增大其热阻，但白天又要窗户是透明的、要把隔热材料移开，这样就可达到窗户白天透明、夜晚又可隔热的双重目的，即夜间保温技术。

74. 可移动隔热层方案可有多种多样，但必须首先来考虑：

（1）材料是用硬质板，或小片及薄膜构成的柔性结构；

（2）保温层放在窗外、窗内或玻璃之间；

（3）白天不用隔热板时，把它放在哪儿，还有再利用的可能吗？可参看图 1-17～图 1-20。

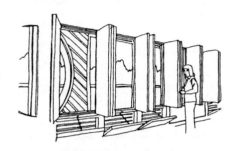

图 1-17　采用三层或两层玻璃窗并有可启闭的隔热材料

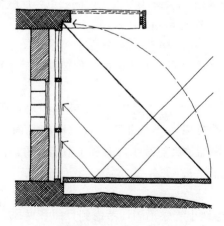

图 1-18　反射保温挡板

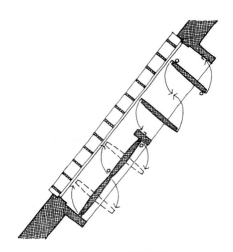

图 1-19　保温百叶

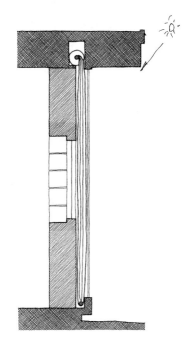

图 1-20　特隆布墙上的自充气窗帘

27

75. 隔热板可安放在架子上并可全部移开，如用铰链安放在窗洞的顶部或底部，将其安装在滑轨上，隔热板在开启时当作反射板，加强对太阳能的收集。

76. 隔热板可以像小型推拉门与窗户平行安装。

77. 隔热的硬质板可打碎成几片保温叶片。

78. 柔性挡板比硬质隔热板占用较小的存放空间，且可自动控制开闭，图 1-20 中的图洛姆墙的自充气窗帘由多层辐射的反射层构成，可卷起来存放在凹进的顶层槽内。

> 玻璃是唯一的透明建材，为了吸收太阳辐射和采光，必须要用玻璃，但它的热阻极小，是形成耗热的主要渠道，是采暖能耗的主要组成。同时太阳辐射也是通过玻璃侵入到室内，它也会增加空调能耗，因此对玻璃提出传热系数及遮阳系数两大热工要求。

79. 玻璃的主要功能是采光、保温、隔热和隔声，对于这些要求都有不同的参数来表示，从常用的玻璃参数表 1-1 中可看出。

常见玻璃的主要参数 表 1-1

玻璃名称	结构	透光率（％）	遮阳系数 S_c	传热系数 U	实测隔声音(dB)
单片玻璃	bC	89	0.99	5.58	26
透明中空玻璃	bC＋12A＋bc	81	0.87	2.72	34
单片热反射玻璃	bCTS140	40	0.55	5.06	
热反射膜中空玻璃	bCTS140＋12A＋bc	37	0.44	2.54	
Low-E 中空玻璃	bCEF11＋12A＋bC	35	0.31	1.66	

80. 如何选择玻璃种类

首先要看所在气候区，采暖为主的地区要求玻璃传热系数 U 要小，若降温为主地区，要求玻璃遮阳系数 Sc 要小，如果需要太阳能辐射，则要求遮阳系数 Sc 大些，而且也适当要求传热系数 U 不要过大，其他特殊的要求，如隔声、防暴等，可查看详细的产品目录。

81. 单层普通玻璃

除透光率很大，其传热与遮阳功能都很差，但它是最原始的玻璃，早已广泛应用于多个领域，价廉面广，至今亦然。在要求不高的场合，还是很适用的，在寒冷或严寒的地区是不适合的，应尽早更换。其光谱特性可参看图 1-21。

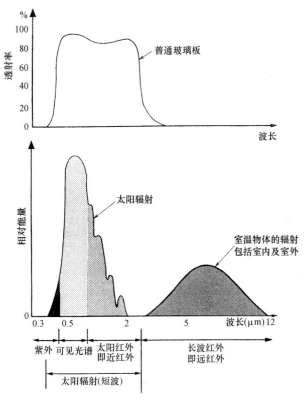

图 1-21　请注意玻璃对短波（太阳）辐射的透射率可达约 85％，而对长波辐射的透射率基本上是 0％

82. 中空玻璃

由两片相距 10mm 左右的普通单层玻璃构成，四边加密封，其空间为干燥空气，就是中空玻璃；抽成真空，就是真空玻璃；充入不同的惰性气体，就构成不同的充气玻璃。普通的中空玻璃的传热系数比单层玻璃降低 1 倍，可作为寒冷地区节能的替代品。

83. 热反射玻璃

涂以热反射膜的玻璃，可将太阳辐射的 40%～80% 阻隔在室外，还可透过可见光，极大地降低了遮阳系数，对传热系数影响不大。也可构成热反射中空玻璃，既有较小的遮阳系数，也有较小的传热系数，适用于夏热冬暖或夏热冬冷、以隔热为主的地区。

84. 低辐射（Low-E）镀膜中空玻璃

太阳辐射通过玻璃会有一部分能量被玻璃吸收，而后再二次向玻璃内外辐射，会使玻璃性能下降。为此可用镀膜方式使玻璃吸收的能量减小，同时还考虑在不同频谱内的要求，做成不同类型的 Low-E 中空玻璃。根据在近红外区透过能力，可分为冬季型、夏季型和遮阳型，供不同气候区来选择。Low-E 镀膜中空玻璃性能优越，又可充分选择，但上市量不大，价格较高。

85. 超级玻璃

还可以采用更多的层数，采用不同的镀膜，做成性能更优越的超级玻璃，目前其传热系数可做 $1W/(m^2 \cdot K)$ 以下，但成本也更高。

86. 一种简单的加膜增加保温性能的方法

在北方广泛地使用着普通单层玻璃，在冬季来临时，可在玻璃内侧四周安装一圈木框，其截面约 $10mm \times 10mm$，然后在框上张贴透明度较好的塑料薄膜，即可提高保温能力，过冬后取下，来年再装新的。

> 覆土建筑中泥土隔热性能非常低，但厚重的泥土结构却有极大的热延迟。深层的土壤具有很稳定的温度，冬暖夏凉，是可能用于建筑节能的，但因当地气候不同，覆土的适用性也不同，必须慎用。

87. 覆土建筑有一些重大的好处，其中最主要的是安全。它具有很强的抵抗外力的作用，如猛烈的暴风雨（龙卷风、飓风、闪电）、地震、野蛮破坏、轰炸、极高温及噪声等。在人口稠密地区，还可保持自然景观，但是最主要的还是节能，在能耗非常低的情况下保持冬暖夏凉。

88. 对于地下建筑还存在一系列严重问题，首先是水。除非有非常方便的排出暴风雨水的措施，否则建筑物不能低于地下水位。在潮湿地区需做防水处理，可能会在墙上形成冷凝水，使墙发霉。厚重的覆土，使建筑负重加大，出现强度问题，还有安全出口的问题。

89. 覆土建筑最适合气候干燥、夏季非常热而冬季又严寒的地区。我国西北地区比较适用，尤其是历史悠久的陕北窑洞。

90. 覆土设计方案之一——地面下方案，见图1-22。
这类方案都有一个凹陷的中庭或小院，如果地面上下雨，它将被淹，为此要在中庭上建一个圆屋顶，但不应阻挡采光。

91. 覆土设计方案之二——坡内方案，见图1-23。
覆土建筑建在斜坡上，雨水可自由排放，容易进出、采光和观看风景，如果是朝南的斜坡还可以获得充足的太阳辐射，照射

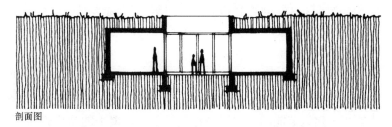

剖面图

图 1-22 "地面下"方案：房间安排在一个或几个中庭周围。
排水和防火通道应着重考虑（From Earth Sheltered Housing
Code：Zoning and Financial Issues，by Underground Space Center，
University of Minnesota，HUD，1980）

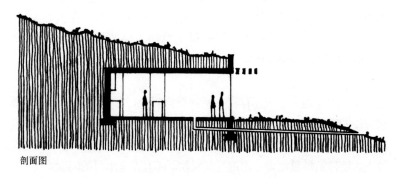

剖面图

图 1-23 "坡内"方案：修建在斜坡内的掩土建筑的
排水、出口和景观都非常好（From Earth Sheltered Housing
Code：Zoning and Financial Issues，by Underground Space Center，
University of Minnesota，HUD，1980）

到蓄热量极大的土上。

92. 覆土设计方案之三——地面方案，见图 1-24。

若建筑在平地上则需要修筑土墩来庇护建筑在地面上的部分，这种建筑主要修建在夏季干热地区，对那里从白天到夜晚传热的时间延迟是非常有利的。

93. 覆土设计方案之四——保温土坡和草皮屋顶方案，见图 1-25。

若采光和通风需要许多开口，采用保温土坡最好。除了在炎热地区的西向和寒冷地区的北向有防风作用，土坡的保温作用很小。草皮覆盖的屋顶保温作用不大，但在夏季可明显地降低通过屋顶的热量。在干热地区仅 1～2 尺深的土壤，就可产生足够的延迟，降低过热的温度。在草皮上种植树木，将通过遮阳和蒸发有效降低温度。

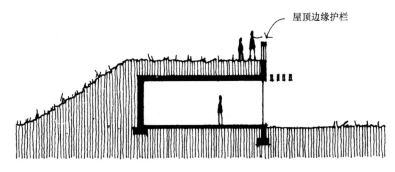

图 1-24　"地上"方案：在平地上排水较难，在人工筑成的土墩内建造最好
(From Earth Sheltered Housing Code：Zoning and Financial Issues，by Underground Space Center，University of Minnesota，HUD，1980)

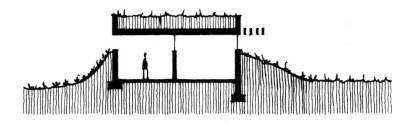

图 1-25　保温土坡和草皮屋顶方案。当需要自然通风、昼光和风景时，采用保温土坡最合适。草皮覆盖的屋顶可以在夏季减少得热量
(From Earth Sheltered Housing Code：Zoning and Financial Issues，by Underground Space Center，University of Minnesota，HUD，1980)

94. 覆土设计方案之五——距建筑不远处建造一道围护土

堤，可以改变风的方向。

95. 由于地下温度较低而又恒定，可将通风管道通过地下加热（或降温）管道中的气体，这样由地面抽进的空气，经管道的热处理，再排放到室内，将降低通风能耗，甚至可在地下建造石床，做通风的预热（或降温）。

96. 利用地下恒定温度地源热泵，是当前最好的热源之一，也是值得推广的。

> 隔热材料（热阻值高于砖石等保温材料的材料称为隔热材料）是外围护结构保温的关键材料，使用广泛，效果明显，热阻是其特征参数。

97. 建筑物使用的大部分隔热材料有以下五种形式：毡式、松散填充、现场发泡、板式和辐射屏障。除了辐射屏障是利用铝箔在空气间隙中做反射隔热材料外，其余都是通过材料中的微孔作为空气隙来达到隔热的目的。

98. 对隔热材料的应用还需要了解其他重要特性，如抗湿能力、耐火能力、吸收有毒烟气能力、材料强度以及长期稳定性等，可参看表 1-2。
我国工程实践中使用聚苯乙烯板材较多，由于其阻燃能力较差，在现场因电火花引起的爆燃火灾时有发生，是值得注意的。

99. 在材料中间的空气隙本身是有热阻的，这可从建筑规范中查到，值得说明的是此时空气隙的空气是静止的，除了空气热阻外还应加上内外表面的换热阻。

100. 在空气隙的一侧或两侧添加铝箔，形成辐射屏障，此时的热阻比同厚砖的热阻大 10 倍以上。

101. 隔热材料没有强度或强度很差，很少单独使用，通常与保温材料配合使用，它们有三种结合方式：（1）隔热材料在保温材料中间；（2）隔热材料在保温材料表面；（3）隔热材料与保温材料一体化。隔热材料如果在保温材料表面，又在外侧，称为"外保温"，在内侧，称为"内保温"。

隔热材料[a]　　　　　　　　　　　　　表 1-2

材料	热阻	物理构成	特点
玻璃纤维	3.2	卷筒、絮材和毡片	防火性能好 潮湿会降低 R 值
岩棉	2.2	松散填充	非常便宜
	4.4	硬板	
珍珠岩	2.7	松散填充	防火性能非常好
纤维素	3.2	松散填充	可被吹成小气泡
	3.5	现场喷涂	需要做防火和防腐处理吸湿
聚苯乙烯（膨胀）	4	硬板 （珠状板）	单位热阻造价非常便宜 可燃
			必须做防火和防晒处理
聚苯乙烯（挤压）	5	硬板	隔湿性能非常好 可用于地下 可燃 必须做防火和防晒处理 抗压 造价和 R 值均比聚苯乙烯（膨胀）贵
氨基甲酸乙酯/异三聚氰	7.2	硬板	每英寸的 R 值很高 可燃，产生有毒烟气 必须做防火和防湿处理
	6.2	现场发泡	不规则和粗糙的表面
反射箔	取值范围很大[b]	被空气层分隔成薄片	夏季能有效减少通过屋顶进入房间的热量
			金属箔必须朝向空气层 金属箔必须朝下以减少箔上聚集灰尘

　[a] 热阻大小通过单位英寸厚度的 R 值来确定。实际热阻值会因密度、类型、温度和湿度不同而不同。

　[b] 热阻大小与金属箔面对空气层的朝向和热流的方向有关。

102. "外保温"有利于改善"热桥"散热，有利于整楼施工，不涉及室内布置。"内保温"可自家施工，不一定全楼统一施工，但隔热材料阻挡了太阳辐射在室内向保温材料的蓄热，一般不用。

103. 美国根据各州的气候条件、能源条件、经济发展条件等将全国分为若干个小区，分别给出各小区不同建筑部位的热阻要求及隔热材料的厚度，可供参考。

104. 应该建立一个概念，只要合理地广泛使用隔热材料，一定会创造一个舒适的生活环境。诸如，外墙外贴隔热板材、顶棚覆设隔热板材、窗户加隔热装置等。

105. 既然隔热材料那么神奇，是否越厚越好呢？从下面几点进行说明：

（1）根据"报酬递减律"隔热材料过厚效果会差。

（2）隔热材料主要是增加外墙的热阻，而窗户、通风甚至温差都会导致系统的热阻增加，它们之间存在平衡问题。

（3）燃料的经济性，也要求隔热材料有一定的厚度。

（4）太阳辐射及室内发热等因素也限制了隔热材料厚度的增加。

（5）在一些特定条件下，过大的隔热热阻反而会限制夏季的自然通风。

106. 隔热材料可构成可移动的类型，用于夜间保温，使窗户的热阻大幅上升，也可用在其他场合。空气在地球上是取之不尽的。常温下其导热系数仅为砖砌体的 1/33，可认为空气也是建筑中的隔热材料，已广泛地用到不同的建筑结构中。

107. 若想利用空气，必须以实体为壳在其间形成空气隙。

108. 空气隙内的空气可以是密封的，把它作为热阻用。也可以是流动的，作通风用。

109. 空气隙的热阻与隙的厚度有关，如图 1-26 所示热阻最大值产生在 16mm 处，距离再大热阻变化也不大，约在 0.16～0.18m² · K/W，可由规范中查到更详细的数据。

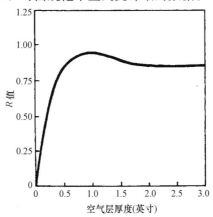

图 1-26　最佳的墙体或窗户的空气层厚度为 3/4 英寸。注意图中的空气层没有用反射材料覆面。(After Climatic Design by D. Watson and K. Labs，1983)

110. 除了表面直接接收太阳辐射，其他都需经玻璃，再通过空气隙来接收太阳辐射。

111. 把一砖半的实心黏土砖，改成两个半砖中间夹 5cm 厚的空气层，其热阻超过前者。

112. 在一砖墙的内表面先不抹灰，用预制石膏装饰挂板形成一个空气层，其热阻超过一砖半墙。

113. 在上述两例中，外表面也挂上石棉水泥挂板，热阻可达两砖墙，且可防止表面凝水。

114. 沈阳某小区用空心砖砌 300mm 厚墙，其中有一空心层，两面抹灰，外墙热阻可达 $1m^2 \cdot K/W$，优于 62 墙。

115. 通常要做外墙"外保温"，在聚苯乙烯板的外侧还要挂保护用的石材，如果要在石材与聚苯乙烯板间留有一个 10cm 左右的空气层，其冬季传热系数可达 $0.4W/(m^2 \cdot K)$，夏季将通风口打开，空气层中的空气是流动的，可将太阳辐射产生的热量带走，同时防止保温材料受潮，成为可呼吸的墙。

116. 在上述例子中，在空气层中加一层铝箔，形成辐射屏障，效果会更好。

117. 在屋顶的不同空气间层，放置隔热的板材及铝箔，对冬季的保温及夏季的隔热都是有利的，如果在同层中采用通风措施，更有利于夏季的散热。

118. 阁楼是一种比较宽大的空气间层，也属上例，但其通风效果更好，注意冬季要封闭通风口以保温。

119. 架空型保温屋面，通常用 2～3 块砖砌成砖墩为肋，上铺钢混板，架空层内充轻质隔热材料，空间层高约 80mm，夏季时要去掉隔热材料，以便通风。

120. 双层围护结构，如图 1-27 所示，尽管它的运行效果很好，但成本偏高，而且消防和防潮还有问题。

121. 双层玻璃幕墙充分利用了其间的空气间层，广泛用于商业或办公大楼。

122. 空气隙按其厚度大小，会应用于不同的建筑中。尺度

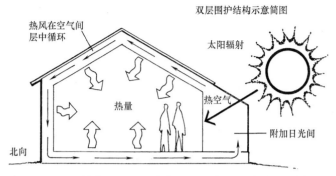

图 1-27　双层围护结构是一种被动式太阳能建筑设计手法。附加阳光间中的热空气通过墙体、屋顶、地面中的空气流道将建筑空间包围，使室内环境比较温暖。尽管该系统运行效果较好，但其造价远高于其他类型，而且还存在着其他一些问题，这些都使得其推广性受到了影响。

最小的是微孔材料，多类隔热材料都由微孔材料组成；间隙小于5mm 的铝箔瓦楞纸，可做隔热用于高温场合；15～20mm 空气隙用于建筑的隔热保温；50mm 以上的空气层用于双层墙或屋顶；1m 以上的即可成为阳光间。

　　膜技术：膜是一种半透明或全透明的材料，具有薄、透、柔的特性，广泛用于农业，在建筑中也有一定的应用，尤其是可在其表面镀上其他材料，形成具有特殊性质的材料，从而用于特殊建筑。

　　123. 在窗户上加膜，例如在农村的普通玻璃窗上加一个1cm 的木框，再在框上贴一层塑料薄膜，就可提高窗户的保温性能。也可在两层玻璃窗之间加一层膜，也起到同样的作用，而且只要用普通的农用塑料薄膜就可做到。

　　124. 在农村农塑膜广泛用于蔬菜大棚中，但热阻不大，天冷时还需要加棉被或草帘子，可是它加工方便，价格低廉，应用仍很广泛。我有个朋友在吉林麻袋厂废弃的车间中居住，他就在厂房中做了一个 3m×3m 的塑料棚，冬季室外大风呼啸，而棚内开着电暖，异常温暖。

125. 建筑结构中应用的膜材，要求有透光性、很高的强度和防老化功能，可由复合材料来完成，如乙烯—四氟乙烯共聚物 ETFE，做成充气束，完成各种造型，"水立方"和"国家体育场"都是用它来做屋顶材料。但因膜材非常贵，一般工程无法采用。

126. 热反射镀膜塑料膜，在全频谱上都具有反射能力，在夏季炎热地区它会反射太阳辐射，使室温强劲下降，但在冬季虽然也反射长波，会有利于保温，但它也会反射掉太阳辐射，不利于建筑保温，解决上述矛盾的方法：一是用时挂上，不用时取下；二是对隔热降温地区可用，对以采暖为主的地区不宜用。类似的膜也可用于小轿车窗上，防止太阳辐射。

127. 绝热反射膜是由镀铝膜及气垫膜用胶黏合并热压复合而成，如图 1-28 所示，其具有隔热和反射的功能，结实耐用、不吸潮、不吸水、无毒、柔顺、安装简单，是一种特别适用于建筑屋面和墙体隔热保温的新型建材，具有广阔的应用前景。绝热反射膜与其他材料的对应关系如下：

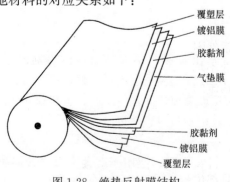

覆塑层
镀铝膜
胶黏剂
气垫膜

胶黏剂
镀铝膜
覆塑层

图 1-28　绝热反射膜结构

2mm 绝热反射膜＝9mmEPS 聚苯板＝178mm 实心黏土砖＝383mm 钢混。

建筑涂料除了有美化、防护功能外，还有改善居住功能，如保温、隔声、吸声和防结露等，这里只介绍其隔热与保温功能。

建筑涂料自身质轻、单薄、装饰性好、施工方便、造价低……可方便地用于隔热保温，但目前还存在一些尚待克服的问题。

128. 阻隔性隔热涂料，多为硅酸磷类复合涂料，目前主要用于工业隔热涂料，若用于民用建筑还存在附着力、耐候性和耐水性等问题尚待解决。

129. 反射隔热涂料，它可在可见及近红外谱区内反射太阳辐射，一般为白色，而且耐热、耐候、耐腐蚀、防水，可广泛用于建筑外墙及屋顶等处。

130. 辐射隔热涂料，它可以把太阳辐射转化为热，经涂料吸收后，再以热发射形式辐射到大气中，而达到隔热的目的。

131. 近年出现了超薄型隔热涂料，是一种新型保温隔热涂料。外国资料介绍一种水性超薄隔热涂料，其 0.33mm 的涂层相当于 10.2cm 聚苯乙烯泡沫塑料的隔热效果。

热桥是指外围护结构中热流集中的渠道，由于结构的不均匀性、材料的不均匀性及其他诸多原因，热桥是不可避免的，热桥会增加热流的传输，增加建筑能耗，更有甚者，热桥会使局部内表面温度降低而结露，解决热桥的基本方法是加强外围护结构的外保温，隔断其与外界的接触。

132. 龙骨部位的保温，可采用聚苯石膏板复合保温龙骨。

133. 丁字墙部位的保温，为保证此处不结露，就需要有足够长的热桥长度，并在热桥两侧加保温。

134. 拐角部位的保温，在拐角处要外保温。

135. 踢脚部位的保温，应加防水保温踢脚板。

136. 窗台的热桥，需将保温层做到窗框之下，也可将保温层张贴到窗框上。

137. 阳台的热桥，阳台本身就是热桥，如果其结构与外墙是独立的，可在其间做保温隔层，但多数阳台是建在楼房延伸梁上，只能对外围护结构进行整体外保温。

> 辐射传热：但凡高于绝对零度的物体都会产生辐射，物体的温度决定了辐射的大小和波长，对于地球来讲，最大的辐射源就是太阳，它的频谱含 $0.3 \sim 2.5 \mu m$，称为短波，而建筑物的频谱在 $2.5 \sim 50 \mu m$，称为长波。辐射性能主要取决于物体表面的颜色及表面性质，而且在不同的谱区内表现也是不同的。物体间辐射的作用包括：反射、吸收、发射和透射。

138. 不同的材料，对于不同的波长，发射和吸收的表现是不同的。图 1-29 给出了四种典型材料表面的辐射情况。

139. 白色，吸收率低但是发射率高，它不会集热，故可作为夏季减少吸热的最佳颜色，而且它的平衡温度低，可降低基底的温度，有利于降温。白色可用作有降温要求的外墙、屋顶的颜色。

140. 抛光的金属表面：吸收率及发射率都小，是辐射的绝缘体，可在外墙及屋顶中做隔热体。

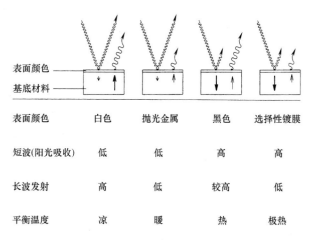

表面颜色	白色	抛光金属	黑色	选择性镀膜
短波(阳光吸收)	低	低	高	高
长波发射	高	低	较高	低
平衡温度	凉	暖	热	极热

图 1-29 平衡温度是材料发射和吸收属性的综合结果

141. 黑色，吸收率高，发射率也高，可用作吸热，但不是最佳的选择。

142. 选择性镀膜，吸收率高，发射率低，是最佳的集热材料。还有一种可选择的白色聚合体，反射率极大，发射率也极大，平衡温度极低，是最佳的隔热材料。

143. 由于铝材实用性能好，成本低廉，易于推广，故多数基材都是选用铝材。

144. 铝箔，$\alpha = 0.15$，$\varepsilon = 0.05$，$\alpha/\varepsilon = 3.0$，吸收小，发射也小，可做辐射的绝缘体，应用于外围护结构中。

145. 铝板上涂白漆，$\alpha = 0.2$，$\varepsilon = 0.91$，$\alpha/\varepsilon = 0.22$，是高发射材料，用于有高防火要求的地方。

146. 铝板上涂黑化，$\alpha = 0.94 \sim 0.98$，$\varepsilon = 0.88$，$\alpha/\varepsilon = 1.07 \sim$

1.11，是高吸收材料，虽然它的发射率也高，但会使基底温度升高，是应用于保温时的优点。

147. 铝材镀黑色氧化铜，$\alpha=0.92$，$\varepsilon=0.10$，$\alpha/\varepsilon=9.2$，是高质量的选择性吸收材料，吸收多，发射少，是最佳集热材料。

148. 在寒冷地区，墙体和屋面温度因使用深色的外部材料而升高，表面温度升高会减少围护结构的热损失，对于双层皮墙也是如此。

149. 对于温带内部以热负荷为主的建筑，应选择反射率强的材料做屋面及外墙面，降低其表面温度，使室内温度传到室外。

150. 在炎热地区，采用白色材料，增强外表面的发射率，减少太阳辐射的负荷，可降空调能耗 7%～20%。值得说明的是，在冬季虽也反射太阳辐射，但因此时太阳高度角小且主要来自南向，故对减少冬季太阳辐射作用不大，中纬度地区的东墙、西墙也是如此。

151. 对建筑节能影响最大的辐射是太阳辐射，太阳辐射直接影响建筑热系统，可利用外围护结构表面的不同性能来增强或减弱对太阳辐射的吸收。

152. 阻断辐射的传输，即增加其传热阻力，在外墙中加入空气隙，再在隙内加 1～2 层铝箔，形成反射屏障，效果极佳，在屋顶加辐射的绝缘体（铝箔）会起到很强的隔热作用。

153. 在采暖的散热器与墙间加一层铝箔，可防止热量向墙的传输，并可防止产生"暖气斑"。

154. 在玻璃中贴入可选择性膜，即 Low-E 膜，可构成不同性能的膜，如高透、高遮阳等类型。

155. 在太阳能房中对蓄热体要加强其表面吸收功能，对反射体要加强其表面的反射功能。一般的住宅房，为增加对太阳辐射的吸收，也应按此要求。

156. 人体也是一个辐射体，在不断发射和接收辐射，人体生理上要求一定的辐射温度以保证人体舒适性。辐射温度是人体舒适度的四大因素之一，在室内人体与建筑的六个面相互传递辐射，这六个面的表面温度和人体对其的开放角决定了人体辐射温度，这是与人体空间位置有关的函数。

157. 一种地面红外采暖系统是由电激励的红外材料构成，可布置成"地毯"型，它供暖均匀，无空气流动，对人感官有利，是一种很好的供暖方式。但也存在辐射受阻挡和热惯性等问题。

> 动力分区：根据不同的使用目的，以温度、采光等参数为标志，把建筑按时间和空间划分为不同区域，称为"动力分区"。区域的标志，包括温度、采光、通风及能源等，可按时间的不同、空间的不同进行合理地安排，以求居住舒适的最大化。

158. 从人体舒适度出发，同时考虑节省能源，对建筑物内的布局进行热力分区，南向屋温度高而且明亮，北向屋寒冷还有很强的冷辐射。东西墙若为外墙，也存在热或冷辐射的问题，因此卧室、起居室放在南边，洗衣间、贮物间、书店放在北边。

159. 卧室如有老人需要保证全天取暖，否则只需夜间取暖；客厅、起居室只需白天取暖；因此供暖可分为两路，必须的要供，不必须的少供，当然也可以控制每个房间的供暖阀门。

160. 要考虑通风的流畅，风要通过人生活的位置，有味的厕厨要放在尾端。

161. 要有缓冲间的概念，将交通间、储藏室、仓库、健身房、工具间等沿北墙摆放，缓冲冷气侵入，在南向加阳台或太阳室，以缓冲夏季的酷热。

162. 对于有天井或二层客厅的有空气垂直流动的建筑，还存在垂直分区的问题，一般讲，热空气向上运动，造成较高部分比较低部分暖和，底层是温度最低的流动空间，居住和烹饪在中间，睡觉的地方在最上层，但与气候炎热的地区恰相反，白天活动在底层，卧室靠近地板、顶棚的热气应排出室外，这样分区的温差可达2℃左右。

163. 迁徙：对房间和庭院进行分区，在每天或者不同的季节里安排适合的活动，哪里舒适就在哪里活动。迁徙的前提，是在建筑中提供了不同的区域，在不同的气候条件有不同的舒适度，如屋里屋外、楼上楼下、向阳背阴、阳台与客厅等。

164. 由于建筑物能阻挡阳光和风，在其周边形成一系列不同的小气候，供人选择，若知道太阳光及风的方向就可选择适合的室外空间。图1-30、图1-31表示不同季节，选择不同的室内外；图1-31表示不同季节，选择不同的楼上楼下。

缓冲层（隔离带）是在主体建筑的外侧，增加一个充满空气的房间，将会隔断恶劣的自然环境，包括寒冷的北风、炎热的太阳辐射、西晒的太阳、屋顶的阳光及热量，以及地下的潮气等。会带来意想不到的效果。缓冲层是在被保护的房间与不要求采暖和降温的房间之间设立的允许温度波动的房间。

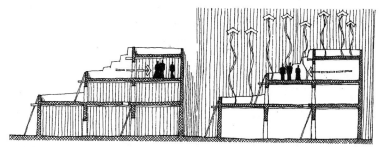

印第安人村庄-Acoma，炎热季节的白天　　印第安人村庄-Acoma，炎热季节的夜晚

印第安人村庄-Acoma，寒冷季节的白天　　印第安人村庄-Acoma，寒冷季节的夜晚

图 1-30

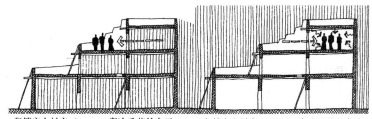

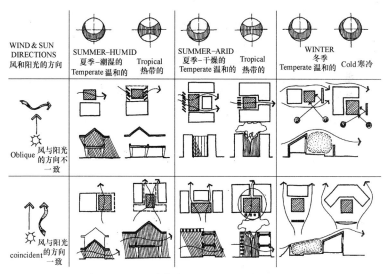

图 1-31　基于小气候而设置的室外空间（一）

47

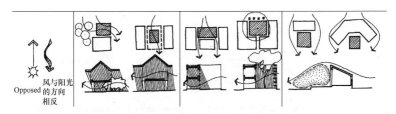

风与阳光
Opposed 的方向
相反

图 1-31　基于小气候而设置的室外空间（二）

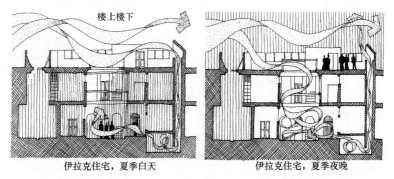

楼上楼下

伊拉克住宅，夏季白天　　　　　　　　伊拉克住宅，夏季夜晚

图 1-32

165. 屋顶上的隔离带就是坡顶或悬空屋顶，无疑它对隔热、保温、通风、防雨雪等都有好处。

166. 作为建筑底层的地下室是防潮的地下隔离带，也可将整个建筑悬空，地面一层作为通风道，有利于建筑降温防潮。

167. 北向隔离带，采暖季的强劲北风将增加采暖能耗，北墙冷辐射使人感到很不爽，北向缓冲间可有多种类型：

（1）在房屋北向外侧建一排挡风的院墙，可阻挡北风的侵袭；

（2）邻北墙外侧建玻璃廊房，也可半砖半玻璃，既挡风又增加了使用面积；

（3）与北墙相邻建车库，车库可与主建筑相通，非常方便又挡风；

（4）北向夹墙，在北墙外建一道新墙，墙间隙约 5～10cm，可增加北墙热阻；

（5）北向掩土墙挡风效果明显。

168. 南向隔离带，南向结构主要考虑如何多吸收太阳辐射，同时也要考虑遮阳降温，其中最大的隔离带就是阳台，具体如下：

（1）阳台，阳台都有较大的南向窗而且有隔断，夏季强烈的太阳辐射由于隔断而不能直射入室，冬季隔断会阻止热流流向室外；冬季白天打开隔断，不影响对太阳辐射的吸收；

（2）南向图洛姆墙，它吸收的热量可传向室内，也可返回室外，构成隔离带；

（3）外伸阳光房，冬季由于它的缓冲，使室内温度增加 1～2℃，它还可种植植物，成为短时间内的休憩场所；

（4）外伸木架，上面可种爬蔓植物，也可挂遮阳的帘子。

169. 西向隔离带，可建西向围廊、阳光间或玻璃墙解决西晒的困扰，最简单的方法是外搭支架挂帘子或种爬蔓植物。

170. 交通围廊，可做成一字形、U 字形或全围廊，既可做交通用也可隔热保温，增加使用面积，成本不高，又不干扰其他邻居。

171. 把对温度要求不高的，如存贮间、交通间，或者一天只有局部时间要求温度的卧室作为外环境与控温间的热缓冲区。图 1-33 把车库和贮藏室作为寒冷北风的缓冲区。

172. 图 1-34 在炎热地区把未装玻璃的交通空间和贮藏室设置在建筑的西北部，以保护起居室免遭下午阳光的照射。

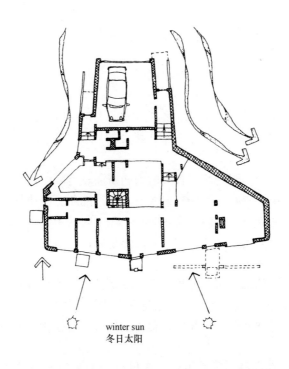

winter sun
冬日太阳

图 1-33 Gadelius 别墅，Lindingo，瑞典，拉尔夫·厄斯金

173. 大的玻璃间，如果不对它供暖或降温，在冬季它会有一个介于室外与室内的平均温度，降低采暖负荷，由于它降低了邻近房间的昼光获得量，故其窗户要大于外立面窗户。

174. 南向缓冲间，它会为附近的空间提供热量，而且它们的平均温度相近，其他向缓冲间不会提供热量，但可减少热损失。图 1-35 是一个高层公寓，使用了一个东南向缓冲区，从 9 层门廊延伸至 22 层地板，阳台和露台从房间延伸到缓冲区，热量储存在混凝土墙及地板中，通风的空气从顶部向下通过竖井再到缓冲区底部，缓冲区温度在冬季从未低于 7℃。

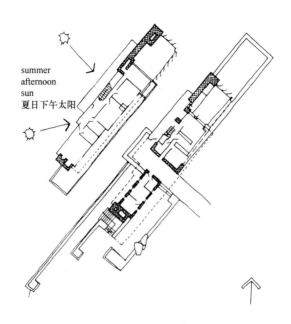

summer
afternoon
sun
夏日下午太阳

图 1-34（*a*） Pauson 住宅，菲尼克斯，亚利桑那州，
弗兰克·劳埃德·赖特设计

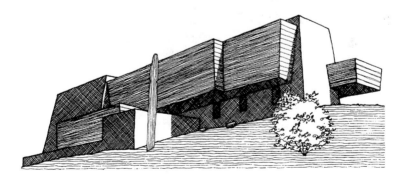

图 1-34（*b*） 西北立面，Pauson 住宅，菲尼克斯，
亚利桑那州，弗兰克·劳埃德·赖特设计

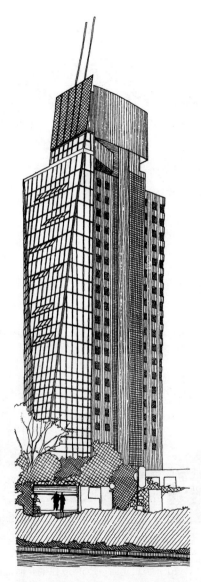

图 1-35　Wohnpark Alte Donau 公寓建筑，维也纳，
奥地利，Coop Himmelblau 设计

图1-36　英国议事机构，新德里，印度，查尔斯·柯里亚，西立面场景

175. 利用邻近建筑的阴影，增加舒适度，如图1-36所示。

176. 在低纬度地区，由于太阳高度角全天相差不大且很高，图1-37房顶为拱形、白色、装有百叶的混凝土伞，百叶可调，防止太阳光入射，上层为缓冲区。

开口——在建筑围护结构上必须要有开口，供人物出入，供太阳辐射通过，使通风通畅。对于开口的大小及其位置都有严格的要求。

---

177. 门要建在背季风面，对于寒冷地区门前要采取加防风门斗、防风墙等措施。

178. 如有可能门尽可能开在缓冲区内如楼梯间等，也可人为制造一个小缓冲间，如图 1-38 所示。

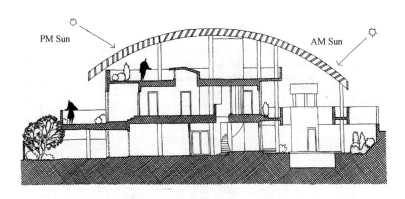

图 1-37 杨经文自宅，马来西亚

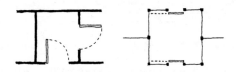

图 1-38 出入口的挡风方法

179. 在门外可设置防风的庭院，即可防风也可防雪，如图 1-39 所示。

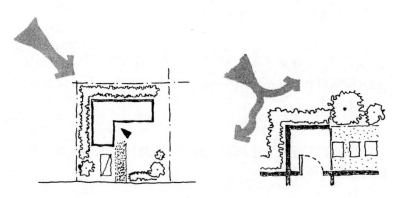

图 1-39 防止季风吹入住宅入口

180. 对于公共建筑的大门一般是加门帘子、加旋转门，但是要加入一个温度间层效果会更好，这个结果还需实践，如市面上用的热风机。

181. 与采用流动间层的方法类似的冷气池法则有实践，使门潜入地下，如图 1-40 所示，只要有挡风屏防止风直接吹到地下即可，它有如水下的水獭住巢。

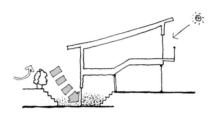

图 1-40　设置冷气池

182. 北方农村住宅，个别人家为了敞亮，一面墙全为玻璃，中间设置玻璃推拉门，这是极不保温也不遮阳的，不可取。

183. 窗洞的大小是个重要的参数，面积越大越不利于保温，但可更多地吸收太阳辐射，两者是矛盾的，通常应保证窗户是吸热的元件，对于不同条件，窗洞面积是有限制的，北京地区窗/墙面积比是 0.2～0.35。

184. 近年来居民建筑的南向窗做的都很大，这样宽敞明亮，甚至大大超限，可能将增加采暖能耗，如果安排加强被动式太阳能措施，则可补偿。

185. 窗洞口的位置也十分重要，通常洞偏低，有利于引进冷风。

第 2 章
避免冬季冷风的侵袭

房屋的地理位置和周边环境，对建筑的采暖、降温和照明，有至关重要的影响。且可利用地形营造避风向阳的环境。

186. 避免将建筑建在北坡。

187. 建在山坡中段，避免山脚下的冷空气槽，山顶上的大风。

188. 选择冬季主导风小的位置，以减小冷风的渗透，见图2-1。

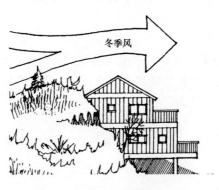

图 2-1　房屋建在可防风的地区

189. 不要选择凹地，那里冬季冷风形成"窝风"，造成霜冻现象。

190. 建筑避开山谷、洼地、沟底。

191. 建筑避开西风的海岸。

192. 建筑避开山顶，避开凸状地方。

193. 建筑朝向南为好。

194. 挡风物可以用来建造保护建筑和开敞空间的边界。

挡风物可以保护建筑和室外空间免受冷风和热风的影响，在寒冷季节，可减少吹向建筑物的风，以减小建筑热损失，并减小对抗和渗透的热损失。单排高密度挡风物，可把渗透热损失减小60%，可以用 O 形或 L 形建筑组团做挡风物。

195. 植物形成的绿色边界可以用来冷却来风，绿化的冷却作用主要靠遮阳和水分的蒸发，如图 2-2 及图 2-3 所示。

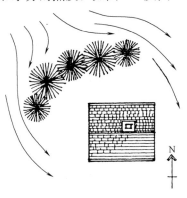

图 2-2　用植物或建筑防风

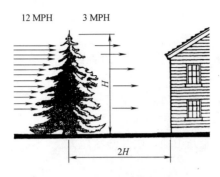

图 2-3　常绿树是有效的防风屏障

196. 通过综合利用太阳辐射和风，可以确定场地小气候是否适宜建筑选址。小气候有四种主要类型，即阳光＋风、遮阳＋风、阳光＋通风和遮阳＋避风。

197. 在当地小气候条件下，建筑的形状及布局位置，会导致建筑周围空气流动情况不同，在寒冷地区，冬季主导风若在建筑表面形成较大的风速，可使散热增加 5％～7％，若在建筑西侧形成较大风压，会增大建筑物冷风渗透能耗 10％～20％，同样在夏季，在建筑两侧没有较大风压也不会有较好的自然风。

198. 高层建筑对其周边会产生不同的影响，高层建筑产生涌向周围街道的空气循环，既有利又有害，在寒冷气候下，减少了行人的舒适性，在炎热潮湿气候下，可使街道变得舒适凉爽。

199. 北侧保温覆土土坡可防强劲的北风。

200. 房屋北侧设缓冲间，减弱北风的作用。

201. 北向窗户面积要小，甚至可不加窗。

202. 尽量减小北向外墙面积并加强其保温水平。

203. 紧凑的建筑结构有利于防北风。

204. 北侧加防风围廊。

渗透，在外围护结构中，凡是有孔隙的地方，都是渗透的渠道，尤其是门窗结构的框与墙洞、扇与框、玻璃与扇间的缝隙；外围护结构中的任何开口部位及其中的管线；外墙结构本身的隙缝以及可开闭的门窗，当其打开时也是一种变形的渗透。

---

205. 窗户的几何形状与面积，以及开启窗扇的形式，对窗户的保温节能有很大影响，在选择时要仔细分析。

206. 窗户的隙缝长短直接影响渗透，有一个重要指标，缝长 $Lo/$ 扇面 Fo，有的可相差 1 倍以上，要选择小的 $\dfrac{Lo}{Fo}$，以减少渗透。

207. 对于玻璃—扇及扇—框间的密封，应由 2 级提高到 3 级，具体如下：提高窗用型材的规格尺寸准确度，关注各种密封材料与密封方法的配合。

208. 挤压型密封条是装在框与扇之间的接缝中，不同的窗户要选择不同的密封条，安装的讲究比较多，一般要请专业人员来做。

209. 对于框—洞的密封，首先对隙缝进行清洁处理，贯入硅基密封膏，如隙缝过宽可塞入聚苯乙烯或聚氨酯泡沫塑料条，再喷注发泡聚氨酯做衬底，再抹上或挤注密封材料，如可能再做隙缝的外保温，防止密封材料老化开裂，更可在外面涂隔热反射涂料。

210. 外墙都是实心的，但实际上他还是有小孔隙的，空气和水蒸气还是会通过，为此在外墙外侧要设独立的防渗层，在内侧要布防潮层，这样会使水蒸气从墙内逸散出来。防渗层由紧密的透气的布纹织物构成。

211. 现在的外门多为没有玻璃的防盗门，对其框—洞、扇—框的密封与窗户的要求是一致的，对于严寒地区的外门，在冬季还要加门斗或布帘防渗。

212. 冬季在门窗上安装电加热的帘子，可用商品电褥子，可以起到防渗保温作用。

213. 寒冷及严寒地区，在冬季来临前，要对窗缝和门缝进行一次清理，洗刷干净，密封条要加固，有缝隙要堵塞，也可贴上纸条或双胶带，甚至再加一层塑料膜。

214. 用可防风雨的外重窗、外重门、气锁门（门帘）以及旋转门等来减小风的渗透。

215. 冬季一定要及时关闭阁楼和管线空间的通风口，并密封公共区域的门窗。

216. 降低渗透能耗要采取两方面的措施：一是堵隙缝，二是减风速。后者是指加到建筑上的风速，渗透是与风速的平方成比例，故降低风速来克服渗透损失将事半功倍。

第 3 章

尽量多接纳冬季阳光

太阳能是取之不尽的，被动式太阳能应用天地广阔，但还未引起国人的关注，而美国有关人士估算，它已使美国的建筑能耗降低了 60％，是值得我们深入研究的。

217. 不同的建筑朝向接收太阳辐射的大小是不同的。

南向建筑冬季接收的太阳辐射最多而且最均匀，因而欲多接收冬季阳光，建筑要选择南向±20°内。

218. 太阳照在建筑的南立面，一部分被外墙吸收，大约 5％～10％，主要取决于外墙外表面的颜色等表面情况，而大部分通过窗户进入室内。

219. 窗户的性能主要取决于玻璃，太阳辐射照到玻璃面上会有部分反射，部分透过，其余被吸收，而被吸收的热量再二次向窗内外发射，不同的应用会对玻璃参数有不同的选择。

220. 窗户的面积大小直接决定了对太阳辐射的接收量，面积越大，接收的辐射越大，但散热也越大，它们是矛盾的。图 3-1 及图 3-2 给出南向大面积窗的例子。

221. 全面深入地接收太阳辐射的房子，称为太阳能房，它有三大类型，分别为直接接收、集热—蓄热墙（也称图洛姆墙）

图 3-1　在捷克共和国布拉格皇宫中的橘子园有一个南向的落地玻璃窗，这是温室的典型形式，在 18 世纪广为运用

图 3-2

和阳光房。

222. 窗户一方面吸收太阳能，一方面还有温差散热，吸热

与失热的对比，决定了南向玻璃是吸热元件还是失热元件。

223. 接收阳光多的平面布置应是南向东西长的建筑，其长轴应长些。

224. 每个房间都要增大南向玻璃窗的面积，但要保证在冬季是吸热元件。

225. 南向可布交通廊，增加建筑朝南的外表面，以增加对太阳能的收集。

226. 如果房间为小进深，即单跨，太阳辐射可直接传到房间。

227. 如果房间为大进深，即 2～3 跨以上，如何把太阳能传输到房间，是有挑战性的。

（1）交错布置，使每个房间都能吸到一些阳光，但增大了外表面积；

（2）一个南向房间获得太阳能加热后，再通过对流的方式转到其他非日照房间，专用走道也可传热；

（3）南向的天井可传热；

（4）在屋顶的不同位置安装收集阳光的玻璃窗，也可做成锯齿形屋面，各个玻璃窗的阳光可照到不同的房间，见图 3-3。

228. 采用的南向天窗，应改为南侧窗，遮阳效果更好。

229. 由于接收阳光，使南向房间冬季更温暖，相对的北向房间要冷些，故要做合理的热力分区，夏季由于南向房间可能更热些，故可迁徙到北向房间居住。

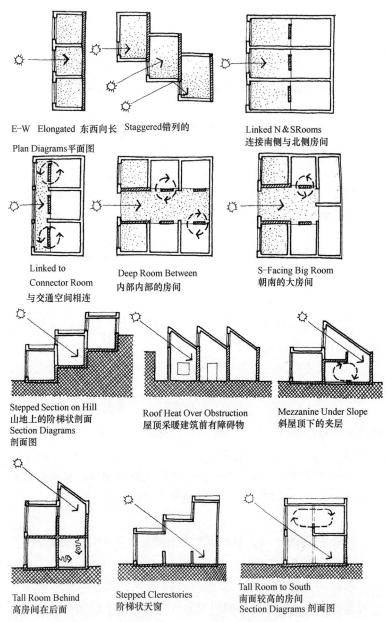

E-W Elongated 东西向长
Plan Diagrams平面图

Staggered错列的

Linked N＆SRooms
连接南侧与北侧房间

Linked to
Connector Room
与交通空间相连

Deep Room Between
内部内部的房间

S-Facing Big Room
朝南的大房间

Stepped Section on Hill
山地上的阶梯状剖面
Section Diagrams
剖面图

Roof Heat Over Obstruction
屋顶采暖建筑前有障碍物

Mezzanine Under Slope
斜屋顶下的夹层

Tall Room Behind
高房间在后面

Stepped Clerestories
阶梯状天窗

Tall Room to South
南面较高的房间
Section Diagrams 剖面图

图 3-3 线性建筑物太阳能采暖的平、剖面组织（一）

64

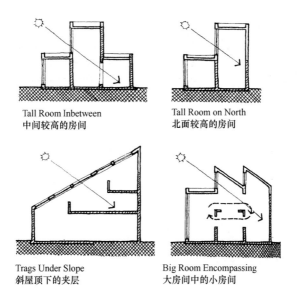

Tall Room Inbetween
中间较高的房间

Tall Room on North
北面较高的房间

Trags Under Slope
斜屋顶下的夹层

Big Room Encompassing
大房间中的小房间

图 3-3　线性建筑物太阳能采暖的平、剖面组织（二）

230. 被动式太阳能获得方式有三种模式，直接获取是其中之一，它的结构简单、费用最低、效率最高，见图 3-4。

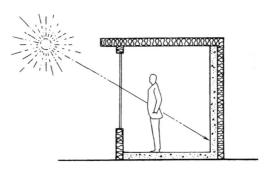

图 3-4　直接获取被动式太阳能空间采暖系统

231. 直获式太阳能获得方式貌似简单，但其设计却很复杂，首要的是南向窗大小的选择，由于受到散热条件、太阳高度角和蓄热面积的限制，不能造的过大，美国的 17 个气候区各有不同的窗/地比上限，相比，北京地区也不应大于 0.18，纬度高可加大。其次是室内阳光的走向及布局，直射的蓄热墙及顶棚，蓄热面要深色，反射面要浅色，中间不能有阻挡。不同进深可利用不同的蓄热方式，如大进深的厅，可用反射蓄热；小进深的卧室只能直接接收。

232. 直接获得太阳能按接收面的不同，主要有三种方式：深色地面的吸收（图 3-5）；浅色地面的反射（图 3-6）；半透玻璃的漫射（图 3-7）。

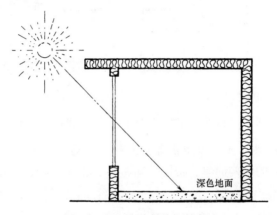

图 3-5　地面应该做成深颜色

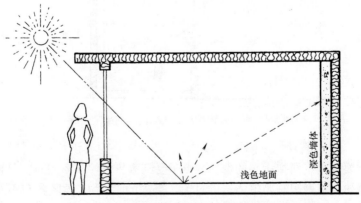

图 3-6　浅色的空心地面材料将阳光反射到深色的墙面上

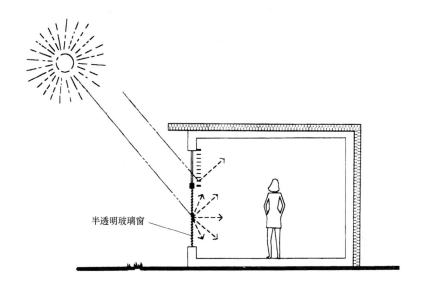

图 3-7 漫射辐射将热量均匀的散布到空中。
在顶棚为实心材料时，尤其有效

233. 直接得热房间应尽可能捕捉阳光，并且把热量存储在空间中。在采暖负荷中，太阳能提供的采暖比例取决于太阳辐射的收集量，建筑物中的热损失率，以及白天被存储以供夜间使用的热量。

234. 吸热—蓄热墙是以法国教授图洛姆命名的，是一种独特的接收太阳能的方式，它是由一层玻璃和一层砌体墙相距很近而构成的双层墙，玻璃可接收阳光，间隙中会产生温室效应，热量便会被砌体吸收，或经其他途径被传出，这是一种不要照明、只要热量的接收太阳辐射的方式，见图 3-8。

235. 如何把热量由图洛姆墙中传出，最为直接的是由砌体墙吸收，待延迟到适当时刻再释放出来。如果在玻璃下方开口，内墙上方开口，则冷空气可由室外进入，经加热后再由上口传入室内，可将新鲜空气预热。如果在内墙上、下方开口，室内空气

67

由下口进入，经加热再由上口传出，作为采暖之用。如果在玻璃上、下方开口，室外空气由下口进入，同时带走热量由上口传出，以防热量传入室内，见图 3-9。

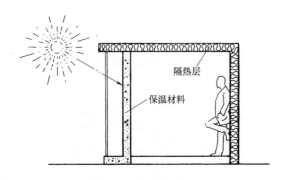

图 3-8　图洛姆保温墙

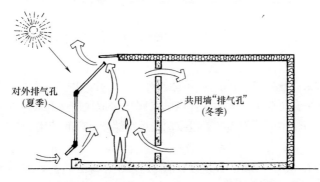

图 3-9　（夏天，为了防止太阳室过热，必须开设对外排气孔。室内排气孔只用于冬季，像门和窗的作用一样）玻璃上、下方开口带走室内热量

236. 如果既要接收太阳辐射，又要有室内照明，图洛姆墙可与直接获取方式结合来解决，在高立面的南墙，下方可由图洛姆墙组成，上方的高窗采用直接获取结构，如图 3-10。这于仓库、办公室等处可应用，即使在住宅，南墙也可以采用半图半直收方式。

237. 公寓式住宅，包括高层建筑，其南墙或阳台的南侧，

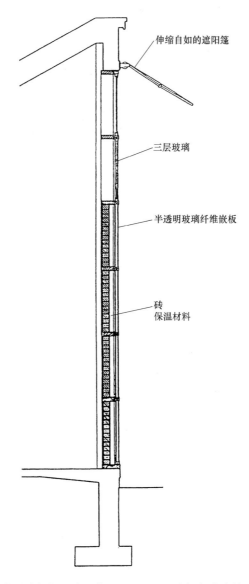

伸缩自如的遮阳篷

三层玻璃

半透明玻璃纤维嵌板

砖
保温材料

图 3-10　因为图洛姆保温墙很薄，所以可以用木框架来支撑砖墙和窗墙
（Courtesy Bohlin Cywinski Jackson Architects）

都以墙为衬，可在其外侧装玻璃，四边密封，使形成图洛姆墙，这是简单而效果明显的事。

238. 图 3-11 是半图洛姆墙，在其上盖一块保温板。

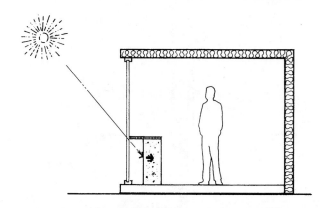

图 3-11　半高的墙可以控制白天热量和光线的直接
获取和晚间所需热能的贮存

239. 如果图洛姆墙的内墙，改为轻质保温材料，它也会起到吸热—蓄热的作用，但延迟时间很短，适用于像教室、办公间之类的民用建筑，只供白天散热，夜晚就无热可散。

240. 分时图洛姆墙，图 3-12 上午直接接收阳光，下午为图洛姆墙结构。

241. 图洛姆墙的最佳间隙，带有排气门时为 300～400mm，不带排气门时为 250～300mm。

242. 一种以水墙为蓄热体，又有反射加强辐射的复合图洛姆墙结构，见图 3-13。

243. 外墙附加玻璃幕墙构成图洛姆墙，原玻璃窗可直获太阳辐射，见图 3-14。

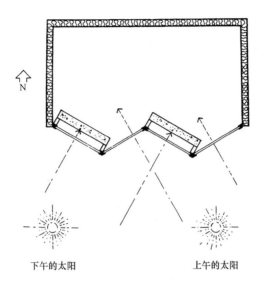

下午的太阳　　　　　　　上午的太阳

图 3-12　直接获取和图洛姆保温墙的组合系统可以使温度在上
午很快升高，同时防止下午的高温

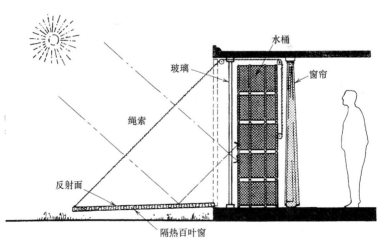

水桶

玻璃

窗帘

绳索

反射面

隔热百叶窗

图 3-13　拜尔住宅的剖面说明了表面覆盖有反射面的隔热
百叶窗可以提高图洛姆（Trombe）保温墙的效率

图 3-14   附加的玻璃幕墙可以使墙体变成太阳能采集器，
如图中的波士顿联排公寓（Cover photo of Solar Age,
August 1981，～Solar Vision inc.，1981.）

244. 如果将外玻璃与内墙的间隔加大到 0.5～1.5m 以上，
则形成日光间，它可以收集太阳辐射加热本空间，同时存贮到墙
上，或将热量分配到其他房间，见图 3-15。

245. 与其他接收太阳能的方式不同，它给建筑增加了一个
空间，目的是为其他房间提供热量。如图 3-16 及图 3-17，其外
形见图 3-18 及图 3-19。

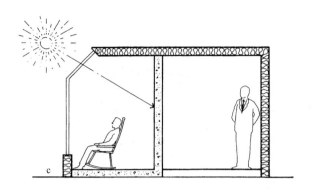

图 3-15 太阳室

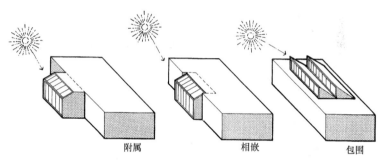

附属　　　　　　相嵌　　　　　包围

图 3-16 太阳室与主体建筑之间几种关系

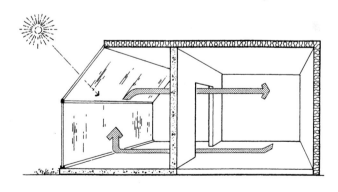

图 3-17 白天、太阳室采集太阳辐射并将热量分配到其他房间。
同时，保温材料贮存很多热能以备夜间使用

图 3-18　在新墨西哥州圣菲，第一个最有趣的
太阳室住宅是巴尔科姆住宅

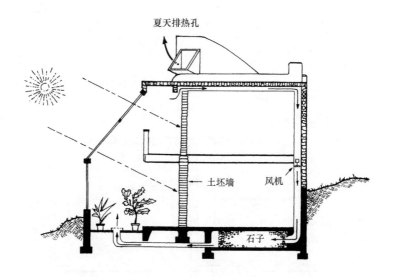

图 3-19　巴尔科姆住宅剖面示意了土坯墙贮热情况

246. 这个房间，每天经历的昼夜温差都很大，约在 7～35℃ 间波动，解决波动的方法就是增加蓄热体，通常蓄热体面积：玻璃面积＝3：1。

247. 就是这样一个温度变化很大的空间，在白天会有很舒适的一段时间，可做起居室或温室，它的费用最高，效率最低。

248. 日光间的布局，有的可凹进主建筑，有的可凸出主建筑，有的互相组成围廊，其中凹进主建筑时保温好，效率更高，也有的在主建筑的屋顶上。见图 3-20、图 3-21 及图 3-22。

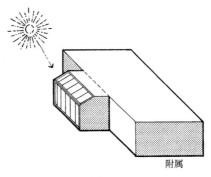

附属

图 3-20

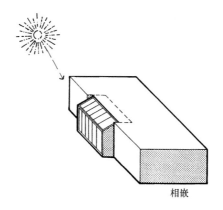

相嵌

图 3-21

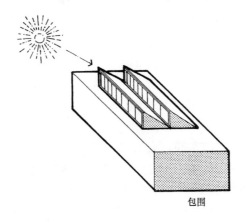

包围

图 3-22

249. 如何传递热量，可通过蓄热墙存贮，延迟后再释放出来，日光间与主建筑的隔墙必须是蓄热墙。

250. 阳光间在夏季要注意通风和遮阳，防止过热。

251. 阳光间的窗户有斜窗，也有直窗，也有组合窗，以直窗为多数，见图 3-23、图 3-24 及图 3-25，也有拱顶全透明结构，见图 3-26。

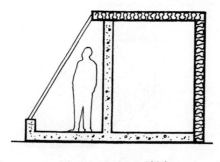

图 3-23 50°～60°斜窗

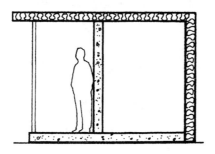

图 3-24　竖直窗

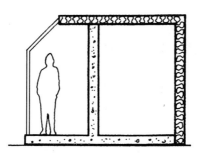

图 3-25　复合（组合窗）

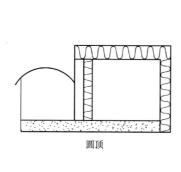

圆顶

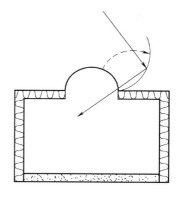

图 3-26

252. 如何处理阳光间的通风结构，见图3-27。

（1）在玻璃窗上、下开口，用于夏季，室外冷风由下口进，带走热量，再由上口出。

（2）玻璃窗下口开，内隔墙上口开，冬季用于预热进入室内的新鲜空气；

（3）内隔墙上口、下口均开，由室内进入阳光间的空气被加热，再由上口回到室内，是用于冬季加热空气的模式。

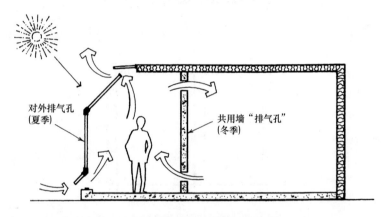

图3-27 （夏天，为了防止太阳室过热，必须开设对外排气孔。室内排气孔只用于冬季，像门和窗的作用一样）阳光间通风结构

253. 在气候恶劣地区，太阳房应加隔断墙，与主建筑分开。

254. 建筑材料都有一定的热容性，厚重的密实的材料热容量较大，同时建筑材料也存在一定的延迟性，往往热容较大的材料延迟性也较大，如砖砌体、混凝土、石料等。水的热容不算大，但其延迟性却很大，有时也可做蓄热体用。

255. 蓄热体在建筑中可起到热的传递和平衡的作用，在冬季，太阳辐射白天照在蓄热体上，它吸收了太阳辐射，经过它的延迟作用，待到夜间它还会释放出来，就会极大地降低室内昼夜温度波动，在夏季白天，蓄热体吸收太阳辐射，使室内温度不那么高，到夜间通过自然通风带去蓄热体释放出的热量，降低了室内温度，蓄热体的表面积应为南窗面积的 1～3 倍。

256. 我国建筑中大量应用的保温材料，如砖砌体、石砌体和混凝土墙等都有较好的蓄热能力，厚度在 200～400mm，其可把白天吸的热量延到夜晚释放。作为蓄热体首先要吸收热量能力强，故其表面应为深色，值得说明的是蓄热材料也可做地板，甚至天棚。

257. 在被动式太阳能建筑中，蓄热体广泛应用，只不过目前人们还未认识到，选择内墙地板等还是以装饰美作为唯一标准。

258. 水的热容不算大，时延却很大，但由于它的液体特点，似乎应用有一定难度，但也可做水墙，它是由多个塑料袋叠加而成。更有的在棚顶上做水池之用，水池可达 $10m^3$ 以上，水深约 30cm，上面有隔热盖板，冬季白天打开盖，太阳照水池，热量存于水中，夜晚加上盖，水池中热量通过水池底向室内散热；夏季白天打开盖，太阳蒸发水使棚顶散热，水池中的热量在夜晚通过棚内的自然通风吸去或向天空散去，如图 3-28、图 3-29。

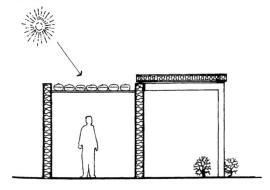

图 3-28　冬季白天，屋顶水池系统中黑色塑料水袋暴露在阳光下

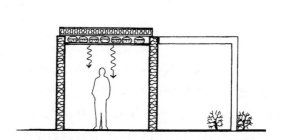

图 3-29 冬季夜晚，一块坚硬的隔热材料板盖在水池上

259. 直接得热房间尽可能捕捉阳光，并存贮于蓄热体中。

260. 远离人们活动空间而布置的岩床可以增加热量的有效蓄积。在被动式的采暖和降温系统中，除了建筑结构所提供的蓄热外，额外增加蓄热体往往是加盖的。岩床就是一种增大建筑蓄热体蓄热能力的方法，岩床就是小尺寸卵石的堆积体，它多布置在混凝土地板的下面或其他距建筑不太远的地下，它既可用于采暖系统，也可用于降温系统，它的通风系统既可是自然流动也可是机械强迫通风。图 3-30 是在采暖系统中，风扇或管道让日光间顶部或图洛姆墙前部的被加热的空气穿过岩床，将热量给岩床，然后这些空气再回到日光间顶部或图洛姆墙前部，以收集更多的热量，岩床中热量可加热混凝土地板，再加热空间，但需要几小时的延迟，同样也可用于降温系统，岩床的大小取决于输入空气的温度、蓄热的要求、岩石的尺寸及空气的流速等，详见图 3-31、图 3-32 及图 3-33。

261. 阳光普照大地，地面上多种物体一方面吸收了太阳辐射，但也有相当多的太阳辐射被反射，形成发射光，有的反射光形成"眩光"，使人很不舒服，是力求克服的，但也会有很小部分反射光会进入南窗，加强原有的直射阳光，这是有利于被动式太阳能利用，于是人们想方设法增加"有益"的反射光，克服"眩光"。

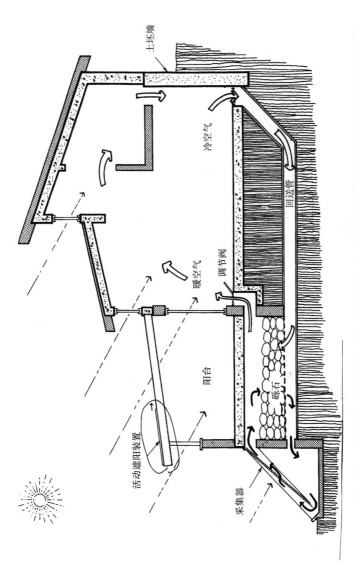

图 3-30 在史蒂夫·拜尔设计的新墨西哥州戴维斯住宅中，通过对流循环系统对蓄热的石子垫层加温

土坯墙

冷空气

回送管

暖空气

调节阀

阳台

砾石

活动遮阳装置

采集器

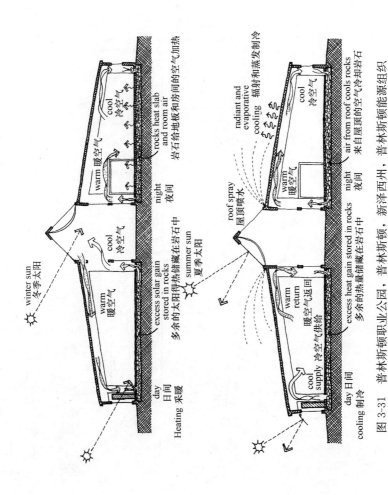

图 3-31　普林斯顿职业公园，普林斯顿，新泽西州，普林斯顿能源组织

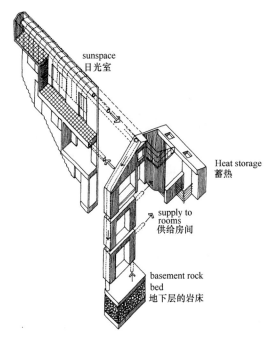

图 3-32　太阳能采暖系统，旧金山的住宅，William Leedy 设计

262. 对于外墙的太阳辐射，反射大吸收小的多为浅色，有利于降低空调能耗，反射小吸收大的多为深色，有利于降低采暖能耗。故寒冷地区宜用深色，炎热地区宜用浅色。

263. 屋顶和墙体可作为太阳光反射体以增加进入窗口的太阳辐射，虽会增强原太阳辐射，但也可能造成"眩光"。

264. 能形成进入窗口的反射光的还有地面、水面及热反射玻璃等，对于这些反射光都分别有控制方法。

265. 对于建筑来讲，反射光可能会增强辐射强度，同时也会产生"眩光"，这是矛盾的，建议顺其自然，能相容最好，否则将采取措施中断反射光的输入，如何控制反射光的输入，主要

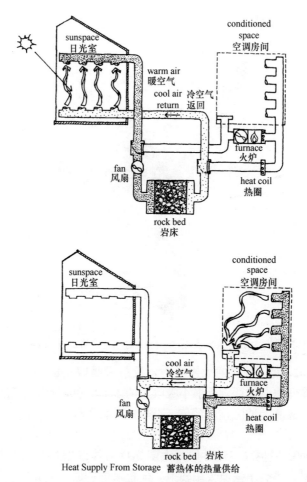

Heat Supply From Storage 蓄热体的热量供给

图 3-33 岩床蓄热体的示意图，旧金山的住宅，William Leedy 设计

是控制反射镜的长度及其倾角，见图 3-34 及图 3-35。

266. 检查是否有阻挡阳光的地形、植被或人工构筑物。

267. 建筑的南面不要有树木，以免阻挡阳光。

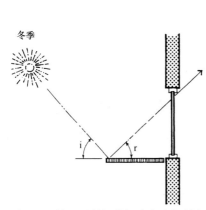
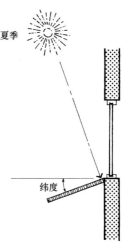

图 3-34 镜面反射板的长度由太阳射角决定，光线应当能够进入窗户顶

图 3-35 当夏天不需要烈日进入时，可将镜面反射板旋转一个角度，使其与水平线的夹角约等于纬度，而不必将其移走

268. 在东南和西南向种植落叶树木。

269. 如果冬季很长的话，在东向和西向也种落叶树木。

270. 任何建筑都可考虑阳光走廊，甚至是阳光围廊，既增加了使用面积，又可接收阳光，又挡寒风，其宽度宜在 1～1.5m。

271. 屋顶上凸窗对阳光可控，见图 3-36 及图 3-37，当窗打开时，阳光可直接射入，同时还有反射；当窗关闭时即为保温状态。

272. 任何建筑的平顶上都可建造一个阳光间，充做楼顶花房，同时在气温适宜的时候做休憩用。其面积可适当加大，但夏日暴晒、冬日寒冷是躲不过的。

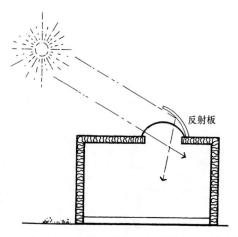

图 3-36　在天窗上安装反射板，冬天时将有更高的效率

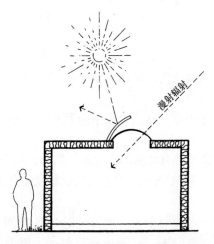

图 3-37　同一块反射板，可以利用背面遮挡夏天的烈日

273. 垂直透明的通道，可作为热压通风管道，置于两家阳台间隙或楼外侧，同样也可作为电梯的垂直通道。

274. 图 3-38 为屋顶辐射捕捉装置，其斜度＝纬度＋15°，白天太阳照射涂黑的屋顶，夜晚百叶窗关闭保温隔热，它也可用于夏季被动式降温。本例可用于平顶改坡顶。

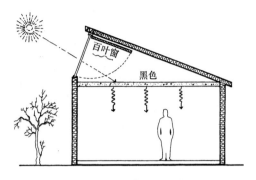

图 3-38　现代园艺温室

275. 轻质采集墙，如图 3-39，适用于白天需采暖，而夜间需很少热量的寒冷地区，如学校、办公楼、工厂等。

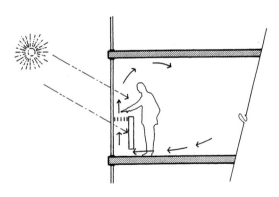

图 3-39　轻质采集墙

276. 现代园艺温室见图 3-40，而传统的园艺温室见图 3-41，英荷等欧洲国家因为气候比较温和，常规的园艺温室即可维护，而美国的气候要差一些，不可能加风扇防止过热，加加热器防止过冷，采用被动式太阳能园艺温室更可取，可参考我国有些地区。

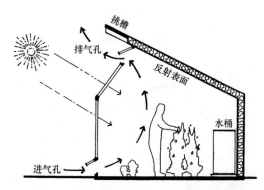

图 3-40　一个现代的被动式太阳能园艺温室利用遮阳和通风口以防止过热。利用隔热材料、直接获取、保温材料来防止过冷

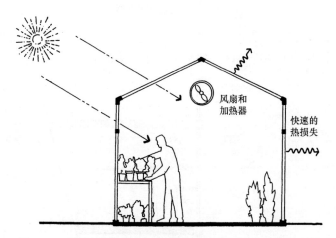

图 3-41　传统的园艺温室需要很高的能量，因为它需要利用风扇以防止过热，还需要加热器以防止过冷

第4章

采 暖 方 法

当各种被动式采暖方法都无法使室内热系统达到要求时，就需要采用适当的主动式采暖方法，以提高室内的舒适度。

277. 理想的室内热环境

（1）室内有效平均温度 To 区域尽可能大，而与 To 相邻区域有效温度与 To 要接近；

（2）人体要求最佳温度是 19～20℃，如果头是 20℃，足应更高些才能更舒适，一般建筑设计温度冬季大于 20℃，夏季小于 26℃；

（3）水平与垂直的室温梯度尽可能小；

（4）冷、热源影响区尽可能小；

（5）在满足室内温度的条件下，作用于人体的热量中，辐射传热应占一半以上，最佳为 65％；

（6）冷、热源的工作温度要尽可能低；

（7）其他满足舒适度要求的三项，分别是平均辐射温度应与平均温度接近，风速为 10～30cm/s 或略大些，相对湿度 RH 大于 20％（夏季小于 60％，冬季小于 80％）。

278. 有哪些采暖方法

原始的火盆、火炕、火墙、火炉、壁炉等都曾经是历史上的采暖方法，当前我国的采暖方式种类繁杂，就从工质、能源、规模、经济等方面看各有不同。从应用比较广泛的方式中选择两种为例说明，一为集中的市政供暖，二为自采暖的地板采暖。

279. 市政集中供暖是由燃煤（油或燃气）锅炉提供，热水（气）为工质经管道供应给散热器，再由其供热给建筑，一个供热厂可能要供给足够大的区域，是城市主力供暖，现今虽经过煤改燃气、小锅炉改大锅炉等改造，但仍存在若干问题难以解决。

280. 地板采暖是在地板下布水管式电热管，其上为混凝土再覆上地板或瓷砖，可以用低温热水器供水管加热地板，也可以用电阻丝管通电加热地板，近年来还有用碳膜电阻为红外发热元件，市电即可驱动其发热。不管哪种地板采暖，他们都可单独控制，自家掌握。

281. 个别地方出现用市政供暖的热水加热地板采暖的水管，因为市政供暖水是高温的，不宜用于一般热水管路，形成以市政供暖为主的多种形式共存的局面。

282. 外围护结构的保温与供暖的关系，前者表示了建筑的散热情况，供暖是表示对建筑注入的热能情况，二者相抵以达到预期的热工学设计指标，因此保温措施越好，需要供应的热能就越少，它们是相辅相成的。

现举一例，某建筑面积 120m^2，北京地区未加节能改造时其能耗约 55W/m^2，则采暖能耗约 6600W，经 65％节能改造后采暖能耗降为 2310W，如果再进一步节能改造达到欧洲低能耗的水平，即能耗为 10W/m^2 时，则总采暖能耗 1200W，相当于 1 个 1kW 电炉子的容量，此时对供暖要求就很容易满足了。

283. 如何计算实际采暖能耗或供暖量

外围护结构（外墙及玻璃）的散热能耗＋通风能耗→折算到单位面积的采暖能耗→整个建筑所需采暖能耗→由单片散热器能释放的能量→散热器的总片数→散热器的布置及安装。

284. 供暖的基本原理：载着热能的工质（水、水汽、油等）在散热器或地板散热管中向外传热，三种传热方式都存在，散热器主要是加热了周边的空气，热空气上升的对流传热，同时散热器也向外辐射传热，地板散热管辐射传热，经地板传向室内，只有人站在地板上才有传导传热。

285. 室内热环境分析

（1）散热器供暖时，室内垂直温度分布是由于被加热的空气上升产生对流，使上方空气温度大于下方，对于保温良好的 3m 净高的室内，可产生 3℃ 的温差，梯度为 1℃/m，这种空气流动搅起室内灰尘，使人感到不适。

（2）散热器供暖时的室内水平温度分布是由不同的热源（冷源）作用的结果，可以通过计算机计算出人体感知温度 To 的分布，而 $To=1/2(T_a+T_k)$，即空气温度与辐射温度各半。

（3）图 4-1 到图 4-9 分别给出不同条件下的室温 To 分布图，从图中可看出诸多关键的地方。

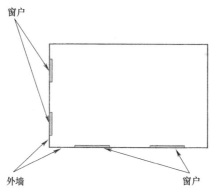

图 4-1　举例所使用的环境（俯视图）

（4）高温散热器应安装在外墙上。

（5）地板采暖可使 T_o 区加大，舒适度增加。

（6）两组低温散热器也会使 T_o 区加大，尤其是当保温条件改善时，可与地板采暖比美，考虑地板采暖的其他限制，故用高效的低温燃气热水器供暖的低温散热器供暖，效果更为优越。

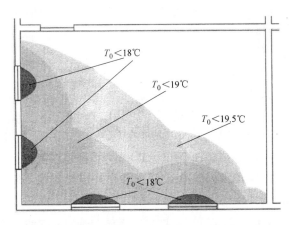

图 4-2　有两面外墙时，有效温度 T_0（距离地面 1m）
的理论温度分布（俯视图）

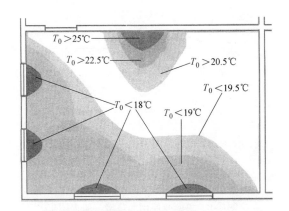

图 4-3　使用高温散热器，室内温度保持在 20℃，
距离地面 1m 的有效温度 T_0 的表现（俯视图）

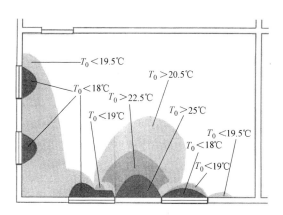

图 4-4　使用高温散热器，室内温度保持在 20.5℃，
距离地面 1m 的有效温度 T_0 的表现（俯视图）

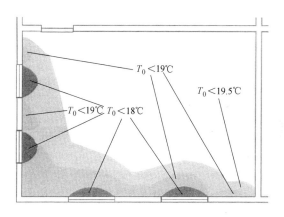

图 4-5　使用地板采暖（表面温度为 27℃），
室内温度为 19.9℃，距离地面 1m 的有效温度
T_0 的表现（俯视图）

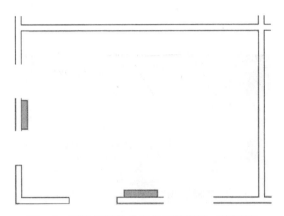

图 4-6　两组低温散热器的安装假设（俯视图）

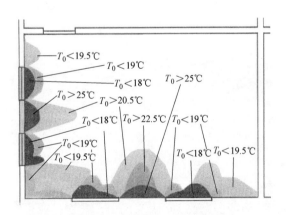

图 4-7　使用两组 $\Delta T=32.5℃$ 的低温散热器，
室内温度 $T_A=20.1℃$，距离地面
1m 的有效温度 T_0 的表现（俯视图）

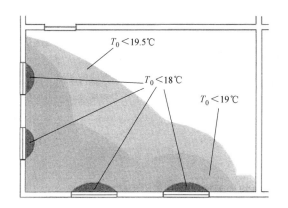

图 4-8 举例为保温性能差时温度分布图

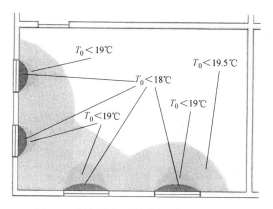

图 4-9 举例为保温性能好时温度分布图

286. 采暖与湿度的关系

散热器供暖房间在冬季时是密封的,室内总的含水量是不变的,当散热器产生的对流场温度升高时,相对湿度就会下降,而且供暖温度越高,相对湿度就越低。如何解决:一是供暖低温化均匀化,二是给地板或辐射板供暖,就不用采用专门的加湿机械。

287. 供暖系统低温化是供暖系统改革的主要内容,高温操作有以下缺点：

(1) 增加热传输的损失；

(2) 易造成室内局部过热，浪费了热量；

(3) 不宜使用高效热源，如冷凝式燃气热水器和热泵；

(4) 对周边所用材料、施工工艺都提出更高的要求；

(5) 局部高温会增加室内温度梯度，加强空气流动以及相对湿度下降等。

市政供暖、供水温度约 90℃，回水温度约 20℃。低温散热器介于二者之间，因此大型的市政供暖不是改革方向。

288. 供暖系统的均匀化，必须提到日程上来，它是保证室内热系统的质量所必需，均匀化是希望室内空间各点温度都相同，事实上是做不到的，因为有冷热源的存在，冷源主要是指夜间的窗户，冷辐射由它产生，为此可用热源来抵消，将采用如下方法：

(1) 用散热器来中和，故散热器必须安装在冷（外）墙内侧，最好是在窗户下方，如做不到，也应安装在窗户周边。

(2) 采用活动的辐射板、热帘、厚窗帘等在夜间封上窗户。

(3) 加强外围护结构中窗户的隔热能力，包括夜保温技术。

(4) 采暖低温化。

289. 采暖系统的计量化，事实上分散的自供热系统已做到计量控制，这里主要是指市政集中供暖，日常多数是吃大锅饭、国家统包的形式，弊端多多，如何做到少用少缴，需时用热，不需不用？但计量化困难也不少，首先要管网进行部分改造，把串联改成并联，安装计量仪表，目前进展缓慢。

290. 地板采暖产生的是平面的辐射热，虽然产生的热量是均匀的而且下热上冷，符合人体头冷脚热的生理要求，但房间内仍存在冷源（窗户），其温度 T_0 的分布如图 4-4，亦存在不均匀性，但更为关键的是"两性"问题，如下：

（1）活性：地板发出的热辐射，若直接作用到人体上，会对人辐射加热，无论人是站立的还是如朝日民族直接卧在地板上。地板辐射热若照到一般密实物上（桌、柜、床等）被吸收再经很长的延迟才能再辐射出来，它对室内热环境没有多大贡献，因此只有直接接触到地板的人才能获得热量，这样在室内存在人可活动的地面称为活性，放置其他物体的为非活性地面，如果活性比例很大，房间就对地板采暖利用率高，反之活性不大的房间对地板采暖利用率不高，而我国普通家庭，居室面积不大但家具床柜又多，故活性不大。有人估算面积不大于 $30m^2$ 的卧室无法利用地板采暖。

（2）惯性：地板下的发热管上面覆有很厚的水泥、地板或瓷砖，辐射热要经过这么厚的物体，其时间延迟就非常之大，以小时甚至天来计，故由开始加热到可感到辐射热需很长时间，短时或间断应用是不方便的。

地板采暖，对于我国普通家庭不太实用，但对有空旷大房间的供暖还不失为一种好方法。

291. 散热器的使用

（1）散热器要安装在外墙窗台的下侧或阳台隔断的两侧，以求中和冷辐射来源。

（2）暖气罩可在不用采暖时把散热器密封起来，但供暖时必须打开，而且要露出内侧及上侧，近年的散热器五花八门，极其美观，用不着加罩。

（3）散热器上的窗帘，必须是短帘，不能遮住散热器。

（4）散热器内侧一般都靠墙，其间可加一块铝箔做辐射反射用。

（5）在散热器上侧可插一块铝箔做防污板，以保持墙的清洁，如果把它向内弯一下，也可做导热板用。

（6）散热器可分为高温和低温两类，后者的热效果会更佳。

292. 一个设想——可移动的散热器

白天不需供暖，可移出阳台隔断门和窗台之外，晚上要供暖时可将其移到隔断门或窗台处，这样的选位是最理想的，而且移动装置很方便，下面加小轮进出口用软管连接即可，当然也可在其他场合移动使用。

293. 一个新概念——温度间层

在一个稳定的温度场内，插入一个温度间层，被划分的两个温度区分别都与间层作用，由于间层的温度大小不同，这两个作用也不同，但都使原温度场被分开。如原来室内与室外经窗户形成一个稳定的温度场，如在窗户处加入一个温度间层，如上述的可移动散热器，这样室内与散热器作用，室外也与散热器作用，便将室内、外分离，如果间层的温度高于室内、室外温度，则间层向两侧传输热流。如果间层的外侧加辐射屏障（铝板）则间层只与室内传输，当然很多采暖设备也可构成温度间层，如辐射板、电褥子、活动暖气、环形暖气、垂直的地板采暖、电红外辐射板、电热风机等。

294. 在"煤改电"过程中，最初是用直热式电暖器、蓄能式电暖器及空气源热泵试点，结果证明前两者电费太高，而能效比更高的空气源热泵价廉适用，宜于推广。

降 温 篇

第5章

避免夏季阳光直射

夏季强烈的太阳辐射，会给建筑升温，舒适度下降，空调能耗增加，应想方设法阻止太阳辐射。

295. 避免将建筑建在东西向，特别是西向的坡地上。如果冬季不需要太阳能采暖的话，北坡是最佳选择，如果需要太阳能采暖，则南坡是最佳选择。

296. 种植植物用来遮阳，建筑的东面、西面和北面可种植常绿树木。落叶植物适合种植在建筑东南向和西南向以及屋顶。若在南向种植落叶植物，冬天对采暖的不利要比夏天对遮阳的好处多，除非气候非常炎热，冬季又很温暖。

297. 除非昼光照明非常重要，否则建筑周围的铺地要避免使用浅色，以使通过窗户反射进房间的光线降到最小值。地面上覆盖活的植物是最好的选择，因为它们吸收太阳辐射且不加热空气。

298. 玻璃上贴热反射膜，或挂隔热玻璃，挂热反射窗帘。

299. 避免附近的人工构筑物的白色墙面或反射玻璃的反光。

300. 相邻的建筑之间要互相提供遮阳。其间有小巷的高层建筑在这一点上表现最好。街道狭窄，两侧建筑高耸，这是美国干热地区城市布局的典型。

301. 建造毗连式住宅或组团式住宅，将外墙数量减少到最小。

302. 用独立式片墙或者翼墙给建筑的东墙、西墙和北墙提供遮阳。

303. 可以用建筑自身的形式提供自我遮阳，如悬挑楼面、阳台和院子。

304. 尽可能避免打开朝东特别是朝西的窗户，实在必须开，其面积和数量应最小。对东立面的窗可处理成偏北或偏南。

305. 只能采用竖直玻璃窗，在夏季任何水平或倾斜的玻璃窗（天窗）都必须提供遮阳，只有陡峭的北面屋顶上的天窗可不需外遮阳。

306. 为所有的窗户提供室外遮阳设备，气候凉爽地区的北窗可除外。

307. 不仅要为窗户提供遮阳，东墙特别是西墙也要遮阳。在特别炎热地区南墙也要遮阳。

308. 用门廊或车棚一类有遮阳作用的户外活动空间来减轻南向、东向尤其是西向立面的日照强度。

309. 用通透的而不是严实的遮阳装置，避免将空气滞留在窗户附近，这一点往往是设计所忽略的关键。

310. 用格子架上藤蔓植物遮阳。

311. 用挑檐、阳台和门廊对窗户和墙遮阳，见图 5-1 及图 5-2。

图 5-1　用挑檐、阳台和门廊对窗户和墙面遮阳

图 5-2　用大型悬挑屋面和门廊对窗户和墙面遮阳

312. 南向建筑东西侧不开窗为佳，见图 5-3。

313. 用可移动的遮阳装置，以便在冬季收回后保证阳光通过。

图 5-3 南向建筑东西侧不开窗

314. 建筑外表面用高反射材料（白色最好），屋顶和西墙是关键部位。

315. 如果室外遮阳不够或者无法做到的话，室内也可以采用遮阳装置。

316. 将供夏季使用的户外庭院放在建筑的北面，放在东面是次佳选择。

317. 屋顶是接收太阳辐射时间最长、热量最多的部位。对它的隔热十分重要。隔热的同时还要考虑把接收的热量直接传出去，而不是传到室内，这就是通风。

318. 屋顶的"平改坡"，增加缓冲层，再在阁楼中增加通风渠道，它不但隔热也有利于采暖。

319. 屋顶的形状、方向、表面积、材料及颜色尽量不吸收热，有利于反射和风吹拂。

320. 屋顶上可种植植物，它可吸收太阳光但不发热。

321. 屋顶置水池或水袋，甚至洒水，既隔热也蓄热。

322. 屋顶可铺隔热砖，它由 PS 板＋橡胶砖面＋白漆构成。

323. 挂黑网（目越小越好），但它要与屋顶有一定距离，大于 20cm 为好。

324. 加一层隔热材料，如白色涂料、特种反光料、塑胶泡泡、太阳光电板和接收雨水板等。

325. 在屋顶的任何利用都对隔热有好处，如花园、晒场、假山水、主动太阳能应用、游泳池、水帽、小集装箱的贮藏间、洒水、餐厅和雨水收集等花样，何其多也。

326. 架空层的运用，既可通风又可隔热，冬季堵通风口，有利于采暖。

327. 窗（尤其是南窗）首要考虑遮阳系数 Se，Se 最大的当属反射玻璃，但也要考虑采暖。

328. 反射膜构成的窗帘可做遮阳之用。

329. 双重窗，外窗做遮阳用。

330. 图洛姆式窗帘用于外窗内侧，可极大改善窗内的热状态。

331. 百叶窗应用。

332. 通过格栅上的绿叶隔热。

333. 种类繁多的内外遮阳构造可供选择，遮阳板用于景观窗遮阳，使光线分布均匀并减少"眩光"。

334. 用水平轻型遮阳板，将窗户分成上下两部分，窗户的性能将有提升。如向外延伸，可给景观窗遮阳，而且其上表面反射光，可到达顶棚，再反射到室内；如向内延伸，会将窗户上部的光线反射到更深的室内空间，同时减小了窗户附近的光量。

335. 采光增效遮阳板能防止窗户吸热，保持天空视野，反射阳光并减少了眩光。有的遮阳设备不仅阻断了天空视野，而且也减小了室内采光水平，为此将水平遮阳板精确打孔，做成百叶格栅，在保持同样的遮阳效果下，还将光线反射到室内空间，通过良好的百叶也能起到上述作用，如图 5-4 及图 5-5。

336. 窗户的外部遮阳层能遮挡窗玻璃，以减小太阳吸热。见表 5-1 及表 5-2，外遮阳设施可以是水平的、垂直的或水平垂直组合的。夏季的太阳高度角较大，水平遮阳可做南立面，这样在冬季它还可接收阳光，垂直遮阳可调节遮阳方向，用于北立面更有效，而组合型用于非南立面，外遮阳设计要注意其遮阳深度，工艺上要打通气孔，见图 5-6。

337. 窗户后面的内部遮阳和窗户玻璃的中间遮阳能减小太阳吸热，尽管外部遮阳板十分有效，但由于构件易受腐蚀剥落，又易收集灰尘，很难维护，因而限制了它的应用，如果将可控的遮阳设备置于窗玻璃内侧或多重玻璃之间，就克服了这个困难，见图 5-7 及图 5-8。

338. 简单易行的窗帘，更好的是有反射膜的窗帘，可方便地用于窗外或窗内。在安装水平挑檐时有两个值得关注的问题。

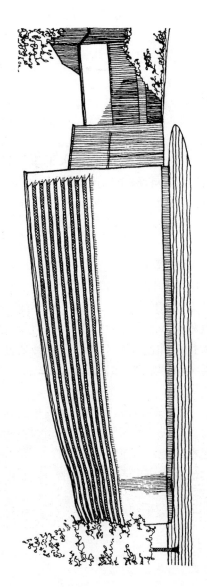

图 5-4 塞伊奈约基图书馆，塞伊奈约基，芬兰，阿尔瓦·阿尔托设计

图 5-5　阳光学校，弗雷斯诺，加利福尼亚，Horn 和 Mortland 设计

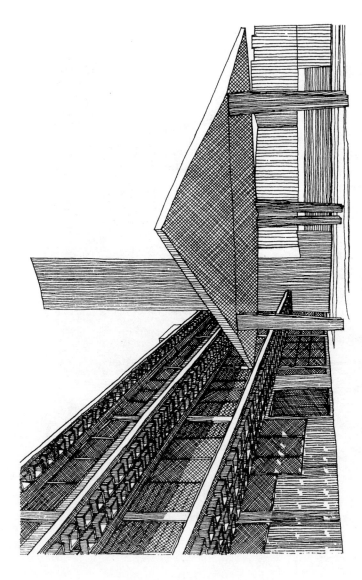

图 5-6 Radbill 住宅，费城、宾夕法尼亚州，路易斯·康设计

固定遮阳装置示例   表 5-1

	装置名称	最佳朝向	说明
I	挑檐 水平板	南东西	阻挡热空气 可以承载风雪
II	挑檐 水平平面中的 水平百叶	南东西	空气可自由流过承载风或雪 不多尺度小 最好购买
III	挑檐 竖直平面中的水 平百叶	南东西	减小挑檐长度视线受限制 也可与小型百叶合用
IV	挑檐 竖直板	南东西	空气可自由流过无雪载 视线受限制
V	竖直鳍板	东西北	视线受限制 只在炎热气候下用于北立面
VI	倾斜的竖直鳍板	东西	向北倾斜 视线受很大限制

	装置名称	最佳朝向	说明
Ⅶ	花格格栅	东西	用于非常炎热气候 视线受很大限制 阻挡热空气
Ⅷ	带倾斜鳍板的花格格栅	东西	向北倾斜 视线受很大限制 阻挡热空气 用于非常炎热气候

引自 Architectural Graphic Standards，8th ed. John R. Hoke，ed. Wiley，1988 年

活动遮阳装置示例 表 5-2

	装置名称	最佳朝向	说明
Ⅸ	挑檐 遮阳篷	南东西	全年全日或暴风雨状况均可调节阻挡热空气 视野良好 最好购买
Ⅹ	挑檐 可转动水平百叶板	南东西	阻挡一些视野和冬季阳光
Ⅺ	鳍板 可转动鳍板	东西	比固定遮阳装置有效得多 比倾斜固定鳍板较少限制视野

续表

	装置名称	最佳朝向	说明
XII	花格格栅 可转动水平百叶板	东西	很挡住视野,但比固定蛋形格栅情况好些只用于非常炎热气候
XIII	落叶植物 树木 蔓藤	东西 东南 西南	视野受限制,但树冠低矮树木很吸引人空气降温
XIV	室外卷帘遮阳器	东西 东南 西南	全开到全关很灵活使用挡板时视野受限制

（1）水平挑檐在冬季要承受风雪负荷,在夏季檐下聚集热空气,如果改用百叶则可克服这些问题,可使热空气下降 10℉,见图 5-9。在活动的水平遮阳结构中也存在这个问题,应打空遮阳板靠墙部分以通气。

（2）早晨太阳由东南射入南窗,下午由西南逝去,两端都有可能留下遮阳的空白,较窄的窗户尤为严重,可用宽挑檐式鳍板来解决,见图 5-10。

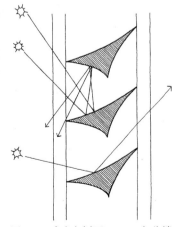

图 5-7　玻璃窗剖面,Haas 办公楼

111

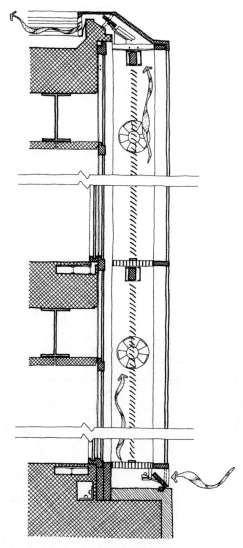

图 5-8 Groz GmbH Head 办公楼，Wurzbury，
德国，Webler＋Geisler 设计

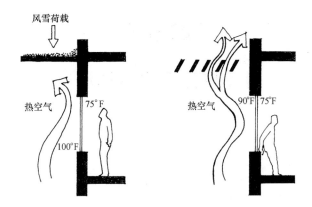

图 5-9　水平百叶板挑檐既可以使热空气
流出也可以减小风雪荷载

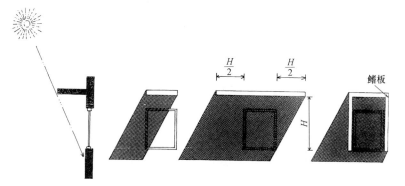

图 5-10　阳光很容易包围住与窗户同宽的挑檐。在窗户的
每一侧使用宽一些的挑檐或竖直鳍板

第6章

夏季降温采用自然通风

夏夜往往室外温度低于室内温度，自然通风会使冷空气进入室内，降低空调能耗，同时它又会把存贮在蓄热体中的热量吸走，这种方法成本很低，方便且适用。

339. 夏季夜晚室外比室内温度低，利用吹入室内的室外自然风，洗去室内存贮的热量，称"夜间通风降温"。

340. 吹过人的皮肤并有降温作用的自然通风，称"舒适通风"。

341. 做好场地设计，调整建筑朝向，以获得盛行风。

342. 利用现有的地形和景观，将风导向建筑。

343. 建筑之间要有一定距离，希望风能够充分穿过建筑。

344. 在冬季不是特别寒冷，夏季高温也不高的温和气候下，建筑的外形尽可能松散一些，以获得最大程度的穿堂通风。

345. 对于夏季通风，地表面避免稠密的草本植物，树冠高大的树木则很可取，见图 6-1。

346. 将主起居室尽量架高，因为距地面越高风也越大。

图 6-1　树冠高大的树木可取

347. 顶棚、双层空间以及开敞的楼梯间为风的竖直运动分层化提供条件。

348. 在通风面背风面都开大窗，以获得穿堂风，窗面可加大并要遮阳。

349. 用鳍墙引导风吹入窗户。

350. 高处和低处都开孔，以利用烟囱效应。

351. 屋顶开口，可对阁楼和整个建筑都起到通风作用。可以采用各种形式的开孔，如：监视孔、炮塔、老虎窗、屋顶小塔楼、屋脊通风孔以及山墙通风孔等。

352. 对窗型要有选择，以使真正可通风面积最大化，且要考虑对防虫的纱窗选择。

353. 用门廊创造凉爽的户外空间，并且保护窗户免受日晒雨淋。

354. 使用有足够净空的双层屋顶或伞状屋顶，确保夹层屋顶之间的热空气可随风流动。

355. 用密封性能良好的窗户，保证夏季通风，而冬季风不能渗透。

356. 设计一个开敞的楼面，有利于空气流通，对空间的分隔尽可能少。

357. 房间与房间之间的气窗和门都要打开。

358. 用太阳能烟囱在无风的天气对房间进行竖直通风。

359. 在花园墙上设置可敞闭的窗户或可移动的挡板，确保场地夏季通风，冬季能抵御冷风的侵袭。

360. 室内风流图（图 6-2）：空气是如何在建筑中流动的，是分析风流动的基础。每个家都不一样，不妨把自家的风流图做一做分析，会得到有益的结论。

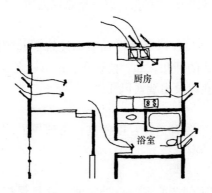

图 6-2　用自然通风带走厨房、浴室和洗衣室的水汽

（1）室内流场通畅，南北通透，如有明显障碍或弯曲，要去障通直；

（2）厨卫应在风流之末；

（3）风要流经人居住的地方，高度应在 1～1.5m；

（4）考虑有热压通风的可能，充分利用楼梯间、天井和烟道等建立垂直通道。

361. 解决通风节能的思路

解决通风节能的前提是建筑的外围护结构必须达到一定保温水平，才显示出通风节能的重要。在解决通风节能问题时，首要的是控制不可控通风而后大力推行自然通风，机械通风是辅助，最后再解决通风能耗问题。

362. 自然通风

使用方便，不需很大成本，到处都可采用，低速的自然通风主要用于建筑物内换气，高速的过堂风用于夏季夜晚冲刷室内热量。

363. 夏晚，门窗大开，南北通透，冷风可冲刷建筑中的热量，以便次日有较低的温度。

364. 屋顶在夏季积聚很高的温度，必须采用通风的方法带走，如下：

（1）坡屋顶：由屋檐下端引入风，经屋顶空间，由屋脊排出，也可由山墙上的通风孔排出；

（2）平屋顶：小进深时可在距屋顶 30cm 处加通风隔板，有屋檐下进风，再由另一端排出；大进深时可由西边屋檐下进风，在屋顶中间加一机械抽风口。

365. 在潮湿而炎热的地方，把主体建筑悬起来，地面上有

支撑柱支撑，地面上的风就可吹走建筑地面的热量及湿气，见图
6-3。

图 6-3 将房屋建在潮湿地面上方高处，在房屋下方通风

366. 在城市会限制体型很长的建筑，它的中间形不成压力
通风，可开门洞，风可由此通过，使周围的建筑单元形成较强的
压力通风。

367. 在风压通风系统中，由于各种气候的变化，往往风压
不足，可安装 1 台风机，它将加强风压通风，在不需要外加压力
时可停机。

368. 在厨房、厕所、实验室等可能产生有味有毒气体处，
要安装可控的强力通风机，以便排出这些气体，平时关机。

369. 建筑新风系统是通过室内的管网与室外相连，平时阀
门关闭。需要通风时，可打开向管网送风的风机，并打开所在房
间的阀门，则对该房间将送入新风，旧风通过阀门被排出。在新
建建筑内，新风系统并不复杂，但在旧房改造时安装管网很不方
便。近日报载，清华大学研制的"云贝壳新风系统"可不用管
道，还可净化。将为旧房改造通风系统提供方便。

370. 严格地讲，电风扇通风也是机械通风。电风扇只能搅
动空气流动但不能降温。可是流动的空气会带走人体表面的热

量，增加蒸发，使人感到舒适，早年间没有空调时风扇就是唯一降温机械。由于风扇成本低廉，使用方便，直到今天仍广泛应用。表 6-1 给出吊扇直径与房间尺寸的关系，当夏季温度高达 30℃ 以下时，使用电风扇仍有很好的效果，但是高于 35℃ 时只能开空调，其间有不同的选择，选择风扇时要注意：

（1）扇叶大小要按使用空间大小来选；

（2）风速大小按室温来定，一般就低为好。

顶棚吊扇尺寸的推荐值　　　　　　表 6-1

Largest Room Dimension 最大房间尺寸 ft(m)	Minimum Fan Diameter 最小风扇直径 in(mm)
＜12(3.7)	36(915)
12～16(3.7～4.9)	48(1220)
16～17.5(4.9～5.3)	52(1320)
17.5～18.5(5.3～5.6)	56(1420)
＞18.5(5.6)	2fans

371. 空气调节器是基于热泵原理对空气进行加热、冷却和加湿等处理的机械，近年来获得广泛应用，形式也较多，适于小型房间的分体机更是家家都有，虽然它对温度调节很方便，尤其是高于 35℃ 时，但它没有全部置换旧的空气，会引起"空调病"。除极热时，一般不建议采用，当今空调器是南方地区降温能耗的主角，值得关注。

372. 热交换器

当室外温度高于室内温度，室外向室内的通风会带给室内热量，增加了空调能耗；当室外温度低于室内温度，室外的向室内通风会带给室内冷量，增加了采暖能耗。与此同时被排出的空气却分别带走冷量及热量，如何利用这些冷量和热量对输入的热、冷空气进行预加热和降温，以降低能耗，这就是热交换器的目的，它是一种通风节能设备，其效率最高可达 75％ 以上。

373. 机械蓄热通风可使充足的空气通过建筑的蓄热体，以提升其降温能力，但因夜间风速经常较低且室内自然通风分布不理想，这样被动式夜间降温效果有限，如采用风机通风，增加了流过蓄热体的空气速率，于是增加了蓄热体夜间转移的热量，见图 6-4。

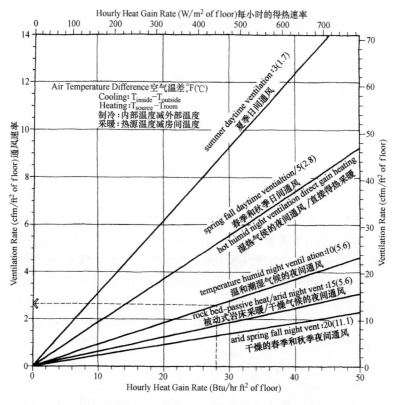

图 6-4　确定用于机械通风的风扇空气流量的大小

374. 机械通风

当自然通风很弱时，必须采用机械通风来满足降温要求，基本类型有二：

（1）通过风机把室外的冷空气送入室内，并把室内的热量带走；

（2）利用风扇使风吹过人体，并把人体热量带走。

375. 在各种环境下，机械通风辅助自然通风给空间降温：

（1）缺少足够风速，使过堂风效果不好；

（2）房间高度太小或高处出气口太小，使烟囱效应不明显；

（3）风速很低，对蓄热体夜间降温强度不够；

（4）夜间风速比白天低，市区风速仅为机场风速之半，有些建筑为了防止污染及交通噪声会把通过窗的自然通风挡住；

（5）开敞的大厅、共享空间或热压通风的烟囱可能根本无法实现。

376. 管道和增压装置可以用来把"热"传送到建筑中"冷"的部分，或者把"冷"传送到"热"的部分，图 6-5 中的中庭用于建筑内部采光，没有空调，它必须有自己的采暖，其是通过南向天窗捕捉太阳辐射来采暖的，由于中庭很高，热空气易于汇聚在空间顶部，热空气可通过帆皮管道从顶部循环到人们所在的底部，每个管道下端都有一个风扇。夏季被吸入的夜间冷空气顺着屋顶上的进风井向下冷却到中庭中的蓄热体，然后把热空气通过顶部的通风口排出。

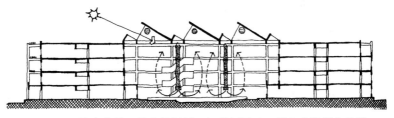

图 6-5　贝特森大楼，萨克拉门托，加利福尼亚，州立建筑师办公楼

377. 大地—空气的热交换器能够在所有的季节里调节进入建筑的通风空气，并有助于夏季为建筑降温，地面下几英尺深度的大地温度不是以每日为基准波动的，它会比平均温度滞后大约

1个月，因此它在冬季比地面上温度高，夏季比地面上温度低，当空气被风扇驱动通过地下管道时，空气能够与大地进行热交换，于是把通风的空气预热或预冷，见图6-6。

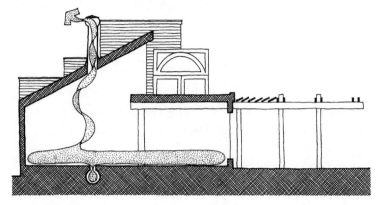

图 6-6　航线能源中心，Cottage Grove，俄勒冈州，Equinex 设计公司设计

378. 热空气在烟囱中会垂直向上运动，直达烟囱口外，称为"烟囱效应"，这是一种典型热力通风，在建筑中有广泛的应用，也称垂直通风。

379. 楼梯间具有烟囱效应，在夜间或清晨时，楼梯间的温度高于室外温度，空气由各房间通过楼梯间向上运动，直至屋顶而排出，但是下层空气向上运动的同时温度会逐步降低，直到与上层温度差为零时停止运动，此分界可称为中和面，例如9层楼的中和面约在5～7层，这样底层房间无法利用烟囱效应，为此可专门建立垂直送风道，其高度低于中和面，而高层房间也可专建垂直风道，这个烟道可建在阳台上，甚至可两家合建。

380. 图6-7为烟囱效应的原理图，只有当竖直通风口之间室内温差大于室外温差时，才能把热空气排到室外。

381. 太阳能烟囱是对烟囱效应进行了改进，如图6-8，由于

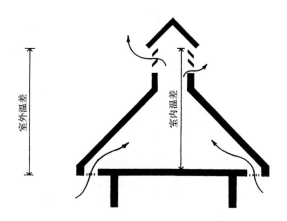

图 6-7　只有当竖直通风口之间室内的温差大于室外的
温差时，烟囱效应才会把热空气排到室外

烟囱效应是温度差的函数，故加热室内的空气可以加速流动，但
这与给室内空气降温的目标冲突，但可在室内空气离开房屋之
后，再对其加热，既增强了烟囱效应，也增加了室内热量，这个
室外加热由太阳能加热涂黑的烟囱完成。

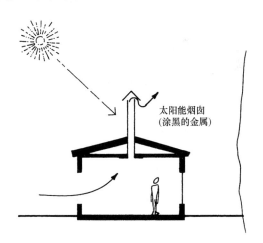

图 6-8　太阳能烟囱可以在不加热室内空气的
情况下，增强烟囱效应的效果

382. 室外公共厕所，可加直径为 10cm 的铁皮烟囱涂黑，高出屋顶 1m 左右，即可拔出污气。图 6-9 表示对于易产生湿气的厨厕间，要布置在室内末端，如果是暗厨暗厕则应加强迫通风机，见图 6-10。

图 6-9 这间户外厕所使用太阳能烟囱来通风。
笔者可以证明，即使在没有风的日子，
当阳光照射时，里边也不会有臭味产生

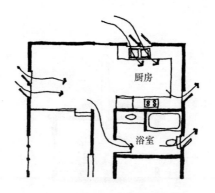

图 6-10 暗厨暗厕加强迫通风机

383. 大型大棚式建筑，其大厅，如售票厅、挂号厅和候车室等，可建数个拔气烟囱，高出棚顶 1m 左右，就会有辅助通风作用，为了在不同季节昼夜间都能工作，可加抽气机辅助抽气。

384. 在能生成有害气体的实验室、车间可设侧墙烟囱，烟囱应高于建筑。

385. 烟囱顶端可有不同的形式，如垂直自然通风口或通风塔等。

386. 在建筑高处及低处都开口，会自然形成"烟囱"效应，但拔气能力却受进出气温度控制。

387. 图 6-11 是利用采光井上下层的压差进行办公室换气。

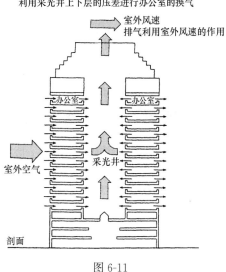

图 6-11

388. 图 6-12 是在上下贯通的空间，分别在上部和下部设换气窗，利用其温差进行自然换气，两层窗高差 7m，夜间无风时上下温差可达 4~6℃，可确保 4~6 次/小时的换气。

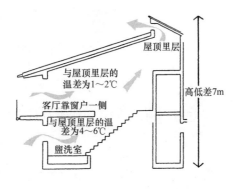

图 6-12

389. 分离的或组合的开口可提供通风、采光和太阳能集热，图 6-13 是采光和通风的组合开口图，其他组合花样繁多。

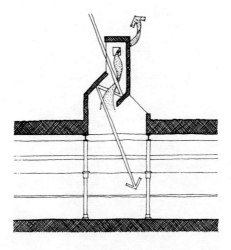

图 6-13　大学办公建筑，屋面采光通风器

390. 增大迎风面和背风面开口面积，以加强室内的风压通风，图 6-14 给出一个全开口的建筑。

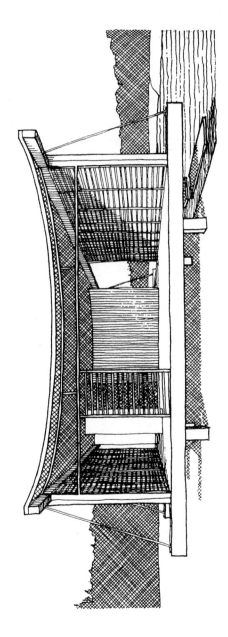

图 6-14　Cacoon 住宅，萨拉索塔，佛罗里达州，保罗·鲁道夫设计

391. 当开口不能朝向主导风方向以及房间只能有一面墙可开窗时，可采用翼墙来调风流的变化，具体可参看图 6-15。

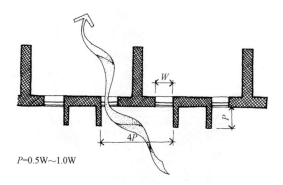

$P=0.5W\sim1.0W$

图 6-15　翼墙的推荐尺寸改编自 Chandra et al.（1986，p. 37）

392. 增加高低开口间的距离可加强热压通风效果。

393. 房间的有效通风高度可通过屋顶的烟囱来增加，见图 6-16。

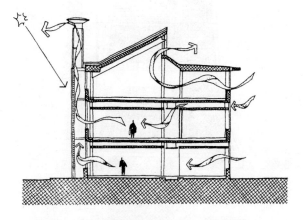

图 6-16　建筑研究办公大楼，典型剖面

394. 大楼南侧装有玻璃窗，可加热流出的空气，增加与入口的温差。

395. 烟囱中自然风流不足时，可利用烟囱中的风扇进行辅助通风。

396. 将出风口布置在由于风流过而产生负压区或南侧的吸风区可提高出风口的功效。

397. 一个大的中庭可提供热压通风，由于其烟囱效应，经中庭周边的小办公室引入再由顶部排出。

398. 当建筑的窗户不能得到自然通风时，可利用屋顶的捕风器，捕捉微风。在低层高密度居住区，由于上风向的建筑阻挡了下风向的建筑通风，很难使每栋建筑都有良好的通风，为此利用捕风器，从建筑上方将较冷的干净空气导入下面的房间，见图6-17。

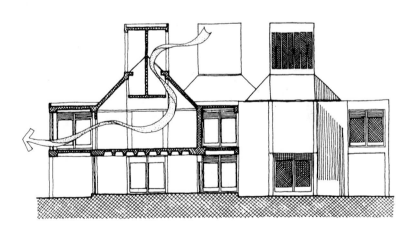

图 6-17　卡塔尔大学，人类学系的剖面和立面

399. 通风口的安排应被最优化，以提高房间穿堂风的流速并使空气吹过居住者，对其身体进行降温。图 6-18 给出不同的开口对风流的影响。

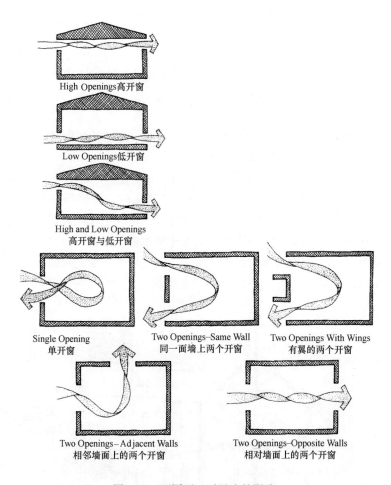

High Openings 高开窗

Low Openings 低开窗

High and Low Openings
高开窗与低开窗

Single Opening
单开窗

Two Openings–Same Wall
同一面墙上两个开窗

Two Openings With Wings
有翼的两个开窗

Two Openings–Adjacent Walls
相邻墙面上的两个开窗

Two Openings–Opposite Walls
相对墙面上的两个开窗

图 6-18 不同开口对风流的影响

400. 分散的建筑具有连续和宽阔的开放空间，使得每栋建筑都能保持通风，每栋建筑的背风面都会有一个风速降低的区域，因此当一幢建筑位于一幢建筑的后面，如果要保证该幢建筑有充分的通风，建筑的间隔应为其高度的5～7倍，较低层建筑可小些。

401. 通透的建筑可结合开敞的平面和断面来产生风压通风、热压通风或二者兼有的混合通风，风压通风在温暖时期是一种有益的降温方式，但炎热气候或温带气候的夜晚，空气流动很慢，这时就需热压通风来辅助，混合通风可在一个建筑的不同房间使用。图 6-19 给出风压及热压通风的房间组织策略。

402. 面向风的房间会提高风压通风的效率

垂直于风口的风，会产生最大的通风。当入射角偏离 40°以内时，不会显著影响风的作用。如果开口不能面向主导风，地形和片墙可用来改变周围的正负压区，引导风平行主导风流经窗户。

403. 街道或开放空间的辐射状通风走廊，可以利用排出的冷空气和夜晚的热流。城市利用这两种方式，对城市地区的风模式产生重要影响。

（1）当城市地区的气流比较平稳时，城市的热岛效应（晚上最为显著）会导致向心的风；

（2）由于密度较高地区在白天比低密度地区产生和存贮更多的热量并保留更长的时间，当周围地区夜晚降温时，高低密度区的温差将会加大。较暖的受污染的城市空气容易上升产生负压，并从城市周围向中心吸收较凉的空气。

上述作用夏季晚夜尤为明显，有可能帮助冲去稠密地区的热量和污染物，这里需要两个主要城市元素：

（1）一块位于周边的带状的未开发的、最好有植被的土地做冷空气源。

（2）宽阔的走廊，为空气由低密地区向高密地区的移动提供一个通道。

404. 通风庭院应当低矮宽阔且有通透性，而无风庭院封闭应足够高以挡风，应足够宽以采光。根据通风要求，对建筑的庭院的设计可参看图 6-20。

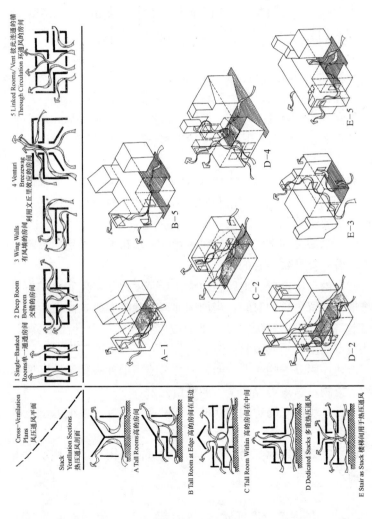

图 6-19 利用风压通风和热压通风的房间组织策略

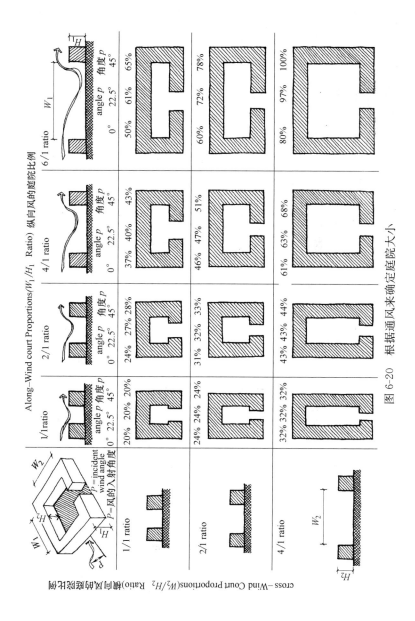

图 6-20　根据通风来确定庭院大小

405. 遮阳型庭院，高而窄，可用来汇集冷空气。庭院式建筑是干热地区传统的有效的布置形式。

406. 自然通风器

如何定时定点控制通风，以满足对健康、舒适而且节能的要求，开门窗只能做到定时但不能定量，当今市场推出一品不但可定时还可定量控制通风的设备，它的设计恰好可与现成的窗户匹配，通风量可根据房间大小及对健康的要求来确定的，不失为一种控制风量的好装置。

407. 计量换气

在解决不可控通风之后，计量换气被提到日程上来，通风换气会产生能耗，因此只要满足需求即可，对于人体健康要求定时通风换气，当前习惯选择 1 次/2h，每次要把室内空间旧气排出，新鲜空气进入。

408. 何时开窗通风

开窗通风只能定时但不能定量，开窗的时间很有讲究。

（1）依据室外空气质量来开关窗：沙尘暴、雾霾、马路扬尘大时不宜开窗。

（2）依据室外空气温度来开关窗：冬季室外温度小于室内温度，原则上关窗。可选择天气晴朗的中、下午短时开窗。夏季白天通常室外温度高于室内温度，应关窗。夜晚若室外温度仍高于室内温度应继续关窗，但有相当多的时间室外温度会低于室内温度，此时应开大窗自然通风散热。

（3）依据湿度来开关窗：室内湿度应在 50％～80％RH 为最佳，但冬季可能低于此值，应关窗加湿，夏季尤其南方室外湿度过大，也应关窗。

409. 不同季节对通风有不同的要求：

（1）冬季采暖期尽量控制室外空气不进入室内；

（2）夏季夜晚室外温度低于室内温度时，应使大量凉风吸入室内，洗去存贮的热量；

（3）夏季白天室外温度高于室内温度时，最好通过热交换器进行限量通风，以减小空调负荷；

（4）过渡季时，白天通风时，由于室内外温差不大，通风能耗也就不大，对通风限制也不大。

410. 空气流动窗可用于给房间的新鲜空气预热和回收排出空气的余热。图 6-21 给出进气流动窗示意图，室外新鲜空气经几层玻璃构成的窗，可被太阳辐射的窗预热，其有效热阻可提高 1 倍，通风效率可达 20%～50%。

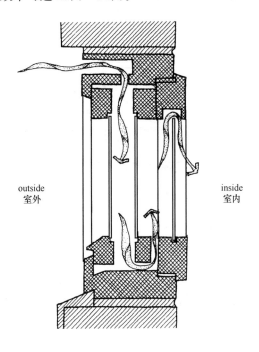

图 6-21　进气通风窗

411. 架空构造有利于通风

夏季通风不但带走构件的热量而且还对邻近的建筑开口增加了通风压力，有利于其压力通风。在楼顶上的架空层、整楼的架空支撑和楼中开洞通风等均是有利的通风结构。

412. 夏季自动通风，同样带走过量的水汽，如抬高起居室，使其远离高湿的地面。

413. 不能很好通风的深层地下室应避免。

414. 图 6-22 是一栋综合了各种力学效应的通风设计，具有良好的通风效果。有屋顶上的伯努利效应及文丘里效应，楼内的气流分层的烟囱效应。

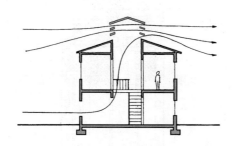

图 6-22　这个房屋的中央楼梯和它的几何设计，
使气流分层，烟囱效应，还有伯努利效应和文丘里效应，
可以共同发挥作用，从而获得良好的竖直通风效果

415. 烟囱效应，图 6-9 可以通过自然对流把空气排出室外，但前提是室内温差必须大于同高度的室外温差。烟囱效应的优点是不依赖风就可进行，缺点是力量微弱。

416. 太阳能烟囱效应，图 6-23 是对烟囱效应的改进，不在室内而在离开室内的烟囱上加热，就会增加室内温差，加速垂直通风的效益。图 6-8 是其在户外厕所的具体应用，效果明显。

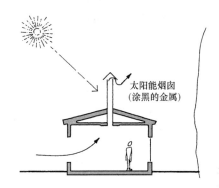

图 6-23　太阳能烟囱效应的改进

417. 房间内的窗户多为 2 扇以上（包括门），有如下几种情况：相对两口，正吹入，见图 6-24，对穿堂风效果最明显；

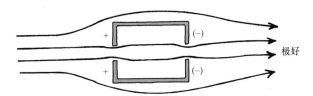

图 6-24　空气在两堵相对墙壁上的窗户之间
穿堂通风，产生的通风效果最为理想

斜吹入，见图 6-25，通风效果更好；

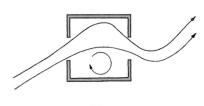

图 6-25

开口偏高，图 6-26 气流吹向不适当位置，可加鳍板墙来调整，见图 6-27；

由于实心水平挑檐的作用，气流在室内上排，图 6-28 为此在挑檐靠窗处开一个缝隙，即可调整气流沿直线行走，也可把实心水平挑檐上移到窗户上方的高处，图 6-29 亦可调整流线；

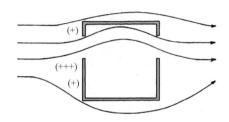

图 6-26　窗户某一边的正压较高，会使气流往不适当的
方向偏转。房间里的很多地方依然吹不到风

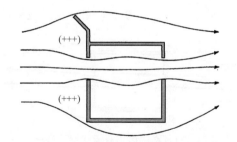

图 6-27　可以用鳍板墙来使气流偏转，使风
可以从房间的中央穿行而过

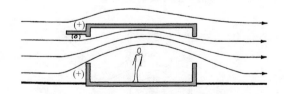

图 6-28　实心的水平挑檐导致气流往上偏转
（引自 Art Bowen，1981 年）

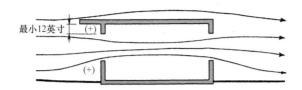

最小12英寸

图 6-29　把实心的水平挑檐修建在窗户上方的高处，也会使气流
　　　　沿笔直的路线吹进房间（引自 Art Bowen，1981 年）

相邻两口，通风效果取决于风向，图 6-30 直入比斜入好；

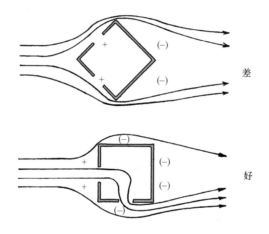

差

好

图 6-30　相邻二窗户的通风效果或好或坏，主要取决于风向

一边两口，一般效果不好，但图 6-31 对称开口比不对称差。加鳍板墙可改善一侧开口的效果，见图 6-32。

418. 室内风流线应经过人正常生活区域，所以窗开口不宜太高，但高低开口可组合，低开口增加人的舒适度，高开口可排除顶棚积聚的热气，见图 6-33。

419. 开口的大小，风流大小是较小开口的函数，一般应入大出小或相等。可初步确定开口应占楼板面积的 20%。

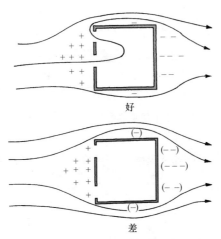

图 6-31　由于迎风墙中心的相对气压比两侧的气压高，因此不对称修建的窗户可以采集到一些风（引自 Art Bowen，1981 年）

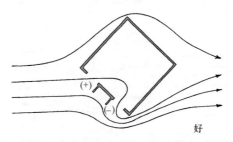

图 6-32　鳍板墙可以极大地提高位于房屋同一侧墙壁上的窗户通风的效果（引自 Art Bowen，1981 年）

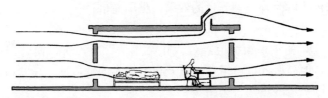

图 6-33　为了通风增加人的舒适度，通风口的位置应当与居住者所处的位置相当。高处的通风口可以排出顶棚附近聚积的热空气，因此用于夜间通风降温最为适合（引自 Art Bowen，1981 年）

420. 渗透，建筑总会存缝隙、孔洞，室外空气通过这些渠道进入室内便形成渗透。渗透与自然通风、健康通风不同，它是不可控的。通过渗透进入或排除的风都会带入或排除热（冷）量，使建筑能耗增加，一般认为渗透能耗约占建筑能耗 1/4 左右，有人形容它相当 90cm 见方的开放窗孔，因而建筑节能到达"治风"阶段，首要考虑"治渗"。

421. 有两个认识误区：

（1）既然每天都要按时健康通风，可否就用渗透来代。事实上健康通风应当是定时定量的，而渗透在时间上和定量上都是不可控的，是不能代替的，如果渗透存在严重则对其他空气调节系统，如新风系统、空调系统等都是不利的。

（2）渗透增加建筑能耗，但在冬季供暖时，采暖能耗增加都由市政统一承担，夏季中央空调供冷，空调能耗由物业承担。这些已无异，是政策方面的缺失，会逐步解决的。

422. 在建筑中凡是有孔隙、裂隙的地方都是渗透的渠道，主要有如下几个方面；

（1）门窗结构中，框与窗洞、扇与框以及玻璃与扇活动的扇间都存在缝隙。

（2）外围护结构中的开孔部位，包括孔洞、管线孔以及管线的内部；

（3）外墙结构本身可渗透或结露，但其渗透介质不一定是风，更可能是水汽及水；

（4）可关闭的门窗当其打开时可通风，但其关闭时也可能产生渗透。

423. 如何防止渗透，要从两方面着手，一为"堵"，即密封通风缝隙；一为"疏"，减弱或克服产生渗透的条件。我国对框—扇、玻璃—扇的密封处理，多数采用二级密封方法，技术发达国家多采用三级密封方法，可使空气渗透量降至 $1.0\mathrm{m}^3/\mathrm{m}\cdot\mathrm{h}$（立方米/米·小时），目前我国在民用住宅上还做不到，框—洞的密封只是简单的填充，坚持不了数年便老化风化，甚至透水产生壁斑。而防渗密封技术，既要材料好又要有经验，是专业化的范畴。

424. 影响渗透量的条件，渗透是由于风、烟囱效应或排风扇的作用，使室外空气通过隙缝进入室内，并排挤出同量的室内空气到室外，为了减弱这个作用，可以

（1）避免建筑在强风的位置；

（2）加防风措施；

（3）减小门窗面积，尤其是可选择 $\dfrac{L}{F}$ 小的开扇（缝长/扇面积）；

（4）密封仍是最重要的；

（5）对于外墙防止水汽，可加防潮层。

425. 一种推测渗透量的方法

渗透是不易检测的，现介绍德国的鼓风机法如下：

首先关闭门窗，借助经校验过的风机先产生负压，如果停止风机鼓风，则外部的空气将通过各种渗透渠道进入室内，会使室内产生正压，为此再开鼓风机向室外抽空气，一直保持室内正压为 50Pa，如果围护结构的气密性越差，则风机用来保持 50Pa 正压的功率就越大，这样就可确定建筑的"标准"的气密性。新房验收前应做气密性试验以确定气密性水平，也可用来寻找渗透渠道。

426. 对于公共场所的大门，因为经常有人出入，用门帘不方便而且外观不雅，若采用温度间层概念，从上面往下吹入热（冷）风也是一种防渗方法，但更多地方考虑采用图 6-34 中旋转的结构。

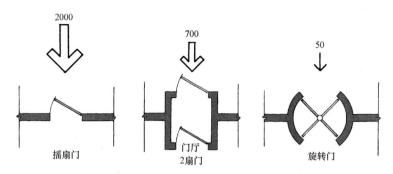

图 6-34 图中数字代表一个门开启时，渗透进的空气体积（立方英尺）

427. 建议定期维护、清洗门窗结构，时间可选在安装纱窗的前夕或拆纱窗之后，内容包括清洗、校直、涂腻子、换密封条、剜窗下渗气沟槽并重新填充及贴胶带等，也可找专业人员来做。

428. 如果利用夜保窗或阳光围廊等，都对渗透加了一道防线。

429. 霾是指含 PM2.5 颗粒物的空气，对人体健康构成危害，近期有谈霾色变的现状。室内的霾与建筑有较大的关系，霾是否从渗透渠道进入室内是值得关注的。

430. 当前的霾主要成因是石化燃料的燃烧产生的粉尘颗粒，降低石化燃料的用量就限制了霾的成因，因此作为石化燃料的燃烧大户，降低石化燃料的用量对建筑的采暖与降温的节能，是至关重要的，这是釜底抽薪之举。

431. 在建筑中可采用空气净化器来过滤污染的空气，但是净化器是把室内的空气经净化后再释放到室内，以求降低 PM2.5 的浓度，如果建筑的渗透严重存在，使净化的同时还由室外向室内涌入污染的空气，效果就要打折了。

建筑的新风系统，可由室外吸入污染空气，经净化再释放到室内，同样也受渗透的影响。综上所述，要想净化效果好，必须减小渗透的作用。

432. 可否在一个住宅单元中，选择一个密封好的房间，在防霾期间供老人小孩居住，只净化该房间效果可能更好些，条件是该房间密封性应更好些。

433. 在非典期间有一种行之有效的负压系统，即把原房间的污浊空气用鼓风机鼓出室外，使室内形成负压，再打入净化的空气，并维持一定负压保证换气的通畅。

第7章

选择适于建筑的小气候区（地形、太阳辐射及风）

434. 适宜的地形和小气候可以确定建筑组群的位置

在一个较大的尺度上，地形、太阳辐射和风结合起来可产生一个小气候，有可能对建筑组群非常有利，预测小气候的几个条件：

（1）空气移动是由密度不同引起的；

（2）温度随高度的变化而变化；

（3）太阳辐射随地貌（坡度及朝向）的变化而变化；

（4）有大的水体调节每月和每年的温度范围；

（5）高山产生湿润的向风坡，低的丘陵产生湿润的背风坡。

435. 不同季候区的总体设计目标

寒带地区：使太阳辐射的采暖效应最大化，减少冬季风的影响，见图 7-1。

图 7-1　在寒冷气候下，紧凑度的建筑、厚实的木质墙和
对开窗面积的严格限制是保温的传统手段。在严寒地区，
壁炉的常见位置或是在紧贴外墙内侧，或是位于建筑物的中央

温带地区：使冬季太阳的采暖效应最大化，使夏季的遮阳最大化，减少冬季风的影响但允许夏季空气循环，见图 7-2。

图 7-2　在温暖但多阴天的地区，凸窗是最大限度纳入阳光的常用办法。图中加利福尼亚州尤里卡（Eureka）市的住宅便是一例

干热地区：尽量增加遮阳而且尽量减少炎热并含有灰尘的风，见图 7-3。

图 7-3　很多建筑像图中的迪拜重建民宅一样，用通风塔来提供附加的通风量。其墙面上通透的席纹图案进一步加大了自然通风的强度（理查德·米尔曼摄影）

湿热地区：尽量增加遮阳和加强通风，见图 7-4 及图 7-5。

图 7-4　在湿热地区，通过附遮阳设施的窗进行的自然通风是达到舒适温度的最有效途径。在图中南卡罗来纳州查尔斯顿市的住宅中，带挑檐的门廊和对窗户起到遮阳作用的阳台带来了凉爽的室外空间。房屋的白色和屋顶上的通风孔都对酷热的夏季降温有重要作用

436. 斜坡位置剖面图，如图 7-6 给出不同气候区最适宜位置

寒冷地区：在南向斜坡上，为增加太阳辐射，它的地势应足够低以防风，同时又足够高以避免冷空气在谷底的聚集。

温带地区：在斜坡的中间或较上部分，它既接受阳光又能接受风，但要阻挡大风。

干热地区：在斜坡的底部已接受晚上的冷空气流，它应朝东以减小下午太阳的辐射。

湿热地区：在斜坡顶部以接受风，它应朝东，为减小下午太阳的辐射。

437. 街道或开放空间的辐射状通风走廊，可以利用排出的冷空气和夜晚的热流，城市通过两种方式对城市地区的风模式产生重要的影响：其一为城市的热岛效应（晚上最显著）会导致向

图 7-5　在湿热地区，如印尼的苏门答腊，其民居通常用高栏架起，
顶部是高而开敞的双坡屋顶，以加大自然通风量

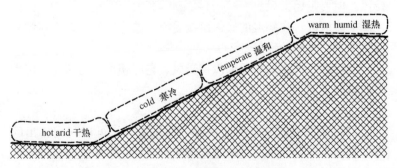

图 7-6　建立在气候基础上的斜坡位置

心的风模式，气流从周边的低密度地区向中心高密度地区移动；其二是由于开发密度较高的地区在白天比低密度地区贮存更多的热量，并且保留时间更长。当周围地区夜晚降临时，高密度地区和周围乡村的温差将会增大，较暖的受污染的城市空气易上升产生负压，并从城市周围向中心吸凉空气，可利用上述原因帮助冲洗城市稠密地区热量和污染物，条件一是有一块位于周边的带状的、未开发的有植被的地方作为冷空气源，二是有宽的走廊为空气移动做通道。

438. 建筑可以被布置成相互遮阳或给相邻的外部空间提供遮阳。在干旱地区建筑被紧密地排在一起，相互遮阳并给邻近的街道遮阳。

439. 太阳罩可用来确保阳光进入建筑单体、街道和开发空间。太阳罩为一个给定的场地确定一个最大的可建空间，这个空间不会遮蔽邻近场地，从而确保太阳辐射进入邻近场地。太阳罩的大小和形状随地的大小、朝向、纬度、一天需太阳光的时间以及邻近街道和建筑所允许的遮阳量的变化而变化。

440. 高层建筑可以根据其他的建筑和风来塑造形状，从而创造一个舒适的街道和开发空间的小气候。

高层建筑产生涌向街道的向下的空气涡流，这股气流在寒冷气候下会减少行人的舒适性，但在炎热潮湿气候下，会使街道变得凉爽。

气流会沿着迎风面，形成下冲涡流效应，当它到地面会形成螺旋形，形成转角效应、伴流效应、甚至端口响应，均力求避免。

441. 我们可以确定街道和街区的平衡城市模式、朝向和大小，从而根据气候的优先性整合光、太阳、遮阳以及风等因素。

较宽的东西向街道能让冬天的太阳光更好地进入。同时沿着主导风向布置的较宽街道能促使风在整个城市更好地运动。在北半球高纬度地区，太阳的方位更多的是南向占主导，而在温带地区，太阳能采暖的方向选择有更多的灵活性，不会造成太阳辐射量的严重损失。狭窄的南北向街道能使相邻建筑之间产生遮阳。

442. 分散的城市模式在炎热气候中使凉爽的风最大化，而高密度的城市模式在采暖季节中使冬季的风最小化。

443. 建筑组群的高度渐变，顺着主导风向形成一个梯度，使街道上的风最小化，见图7-7。

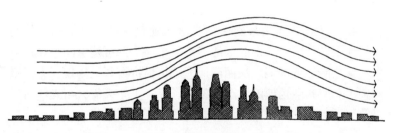

图 7-7　城市的示意性剖面图

444. 通风良好的街道顺着主导风向，使城市环境中的风最大化并将增加建筑间对流通风的机会。

445. 分散的建筑具有连续和宽阔的开敞空间，使得每栋建筑都能保持通风。

446. 东西向拉长的建筑组团，其南北向的间距确保太阳光进入每栋建筑并使太阳辐射得热最大化，此间距由冬季较低的太阳高度角来确定，具体可查表7-1。

计算建筑物间距的 X 值（表中给出的是每月 21 日的数据）

表 7-1

$S = X(H)$　　H(building height) H(建筑高度)　　S (spacing) S(间距)

LATITUDE 纬度	9AM Dec	9AM Jan/Nov	10AM Dec	10AM Jan/Nov	11AM Dec	11AM Jan/Nov	12Noon Dec	12Noon Jan/Nov	1PM Dec	1PM Jan/Nov	2PM Dec	2PM Jan/Nov	3PM Dec	3PM Jan/Nov
North lat. 北纬														
0°	0.6	0.5	0.5	0.4	0.4	0.4	0.4	0.4	0.4	0.4	0.5	0.4	0.6	0.5
4°	0.7	0.6	0.6	0.5	0.5	0.5	0.5	0.4	0.5	0.5	0.6	0.5	0.7	0.6
8°	0.8	0.7	0.7	0.6	0.6	0.5	0.6	0.5	0.6	0.5	0.7	0.6	0.8	0.7
12°	0.9	0.8	0.8	0.7	0.7	0.6	0.7	0.6	0.7	0.6	0.8	0.7	0.9	0.8
16°	1.1	0.9	0.9	0.8	0.8	0.7	0.8	0.7	0.8	0.7	0.9	0.8	1.1	0.9
20°	1.3	1.1	1.1	0.9	1.0	0.9	0.9	0.8	1.0	0.9	1.1	0.9	1.3	1.1
24°	1.5	1.2	1.2	1.1	1.1	1.0	1.1	1.0	1.1	1.0	1.2	1.1	1.5	1.2
28°	1.7	1.4	1.4	1.2	1.3	1.1	1.3	1.1	1.3	1.1	1.4	1.2	1.7	1.4
32°	2.0	1.7	1.6	1.4	1.5	1.3	1.5	1.3	1.5	1.3	1.6	1.4	2.0	1.7
36°	2.4	2.0	1.9	1.7	1.7	1.5	1.7	1.5	1.7	1.5	1.9	1.7	2.4	2.0
40°	3.0	2.4	2.3	1.9	2.1	1.8	2.0	1.7	2.1	1.8	2.3	1.9	3.0	2.4
44°	3.9	2.9	2.8	2.3	2.5	2.1	2.4	2.1	2.5	2.1	2.8	2.3	3.9	2.9
48°	5.4	3.8	3.6	2.9	3.1	2.6	3.0	2.5	3.1	2.6	3.6	2.9	5.4	3.8
52°	8.8	5.3	5.0	3.7	4.1	3.2	3.9	3.1	4.1	3.2	5.0	3.7	8.8	5.3
South lat. 南纬	Jun	May/Jul	Jun	May/Jul	Jun	May/Jul	Jun	May/Jul	Jun	May/Jul	Jun	May/Jul	Jun	May/Jul
North lat. 北纬	Feb/Nov	Feb/Oct	Feb/Nov	Feb/Oct	Feb/Nov	Feb/Oct	Feb/Nov	Feb/Oct	Feb/Nov	Feb/Oct	Feb/Nov	Feb/Oct	Feb/Nov	Feb/Oct
56°	8.4	2.9	5.0	2.5	4.2	2.4	4.0	2.3	4.2	2.4	5.0	2.5	8.4	2.9
60°	20.7	3.8	7.9	3.2	6.1	2.9	5.7	2.9	6.1	2.9	7.9	3.2	20.7	3.8
South lat. 南纬	May/Jul	Apr/Aug	May/Jul	Apr/Aug	May/Jul	Apr/Aug	May/Jul	Apr/Aug	May/Jul	Apr/Aug	May/Jul	Apr/Aug	May/Jul	Apr/Aug
North lat. 北纬	Feb/Sep	Mar/Sep	Feb/Sep	Mar/Sep	Feb/Sep	Mar/Sep	Feb/Sep	Mar/Sep	Feb/Sep	Mar/Sep	Feb/Sep	Mar/Sep	Feb/Sep	Mar/Sep
64°	5.2	2.1	4.1	2.1	3.8	2.1	3.7	2.1	3.8	2.1	4.1	2.1	5.2	2.1
68°	8.3	2.5	5.9	2.5	5.2	2.5	5.1	2.5	5.2	2.5	5.9	2.5	8.3	2.5
72°	19.7	3.1	10.2	3.1	8.4	3.1	7.9	3.1	8.4	3.1	10.2	3.1	19.7	3.1
South lat. 南纬	Feb/Oct	Mar/Sep	Feb/Oct	Mar/Sep	Feb/Oct	Mar/Sep	Feb/Oct	Mar/Sep	Feb/Oct	Mar/Sep	Feb/Oct	Mar/Sep	Feb/Oct	Mar/Sep

447. 建设和绿化交织的组织方式可以用来降低周围空气温度。建设密度很高的区域的气温通常会比周围的郊区高几度，这是由于燃油的产热，不断增加对太阳辐射的吸收和蓄积、越来越少的夜间天空辐射的降温效果，以及因摩擦面的增多而减小的风速等原因造成的，绿化区域的气温可比建筑区域低 6~8℃，这是由于土埌水分的蒸发、发射、遮阳和蓄冷的综合作用。

448. 建筑与水体交织的组织方式可以用来降低周围的气温，围合的开敞空间中的蒸发速率取决于水体的面积、空气的相对湿度和水温。

449. 通过对建筑物的定位和安排便可以形成阳光充足且有挡风的冬季室外空间。

450. 对于一个给定的街道朝向，可以通过建筑等开敞空间的适宜的形状来保证相邻日照。

451. 挡风物可以用来创造保护建筑和开敞空间的边界，保护建筑和室外空间免受冷风和热风的影响。

452. 灌溉植物形成的绿色边界可以用来冷却来风。

453. 一个屋顶遮阳层可以使室外空间和建筑免受高悬的太阳日照。

在炎热气候中，除非有遮阳，否则人行街道就非常不舒服。道路铺地和建筑立面的吸热材料，高大的太阳角和强烈的太阳辐射，这些都会造成极端恶劣的小气候，图 7-8 是典型的具有遮阳屋顶的市场图。

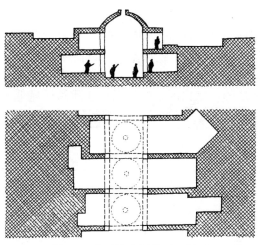

图 7-8　典型的市场平面、剖面

454. 在大多数气候条件下，风都是极具特点的，冬季的风向主要偏北，夏季偏南，冬季的风作用到建筑物上影响最大的是增加了渗透量，从而损失了室内的热量，夏季的风主要用于夜晚洗刷室内存贮的热量以维持来日的热循环。因此冬风时堵截为主，夏风时疏引为主，建筑周围的场地要充分考虑这些问题。

455. 由于建筑渗透与风速平方成比例，故把风速降半，渗透就可降至 1/4，这是非常可观的。防风屏可以通过三种方法有效降低风速：使气流向上偏；使气流成为湍流；以及通过摩擦阻力吸收能量。防风屏、建筑物通过第一、二种方式，而树木则为第三种方式。

树木的防风效果与树高、植物密度有关，见图 7-9，可以根据建筑的高度及面积，合理地选择植物的密度及高度。

456. 对于高层建筑，其周围风的流场比较复杂，有如下几种情况更应关注。

（1）架空结构：见图 7-10，底层的空隙反而会增加风速，故只能在冬季不太寒冷的地方用。

（2）高层建筑一般都会在底层形成多风情况，见图 7-11。

（3）如高层在底层有裙楼结构，可以使吹向底层的风转向，见图 7-12。

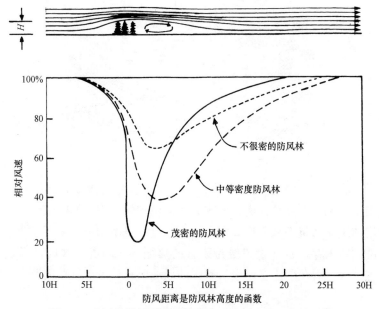

图 7-9　防风的效果是防风林高度和疏密程度二者的函数

〔After Naegeli（1946），cited in J. M. Caborn（1957）. Shelterbelts and Microclimate，Edinburgh，Scotland. H. M. Stationery Office〕

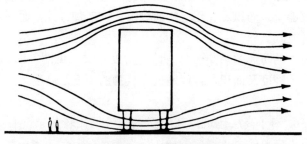

图 7-10　房屋下面用柱子（高楼架空底层用柱）支撑，
会在底层造成非常快的风速

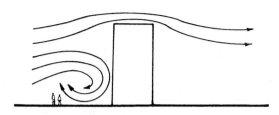

图 7-11　高层建筑常常在底层形成非常严重的多风状况

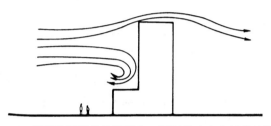

图 7-12　建筑物下端的伸展平台，可以使吹向底层的风偏转

457. 防风林设计的原则：

（1）防风林越高，被防护的地带长度就越长，见图 7-13。

（2）为充分发挥高度优势，防风林的宽度至少是高度的 10 倍，见图 7-14。

（3）防风林中间的空隙不仅决定防风地带的长度，也决定了风速减小的程度。

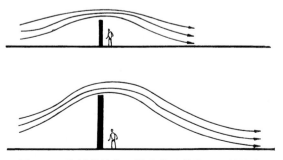

图 7-13　防风林越高，被防护地带的面积就越大

155

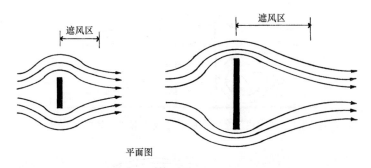

图 7-14　在一定程度上，防风林的宽度也会影响被防护地带的长度。
图中两个防风林的高度相同

458. 在规划一个社区或一个小小建筑群时，最高的建筑应放在最北侧，不仅有利于挡风而且有利于采光，见图 7-15。

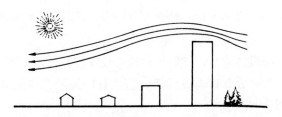

图 7-15　把高楼修建在最北边，不仅可以阻挡冬天的寒风，
还可以获得良好的采光效果

　　459. 在夏天或气候炎热的地区，就不是防风而是要把风引到建筑中来，图 7-16 及图 7-17 的树木就是为把风引到建筑中来。

　　460. 对于下面光秃上面树叶茂密的伞形大树，有利于夏季通风，而对于较矮的灌木栽在较近处可防风，栽在较远处有利通风，树木和植物利用它本身的特性会给我们居住的建筑带来舒适而美观的享受，因此适宜的种植将是人们的乐趣。

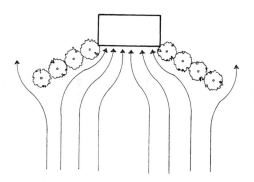

图 7-16　树林和灌木丛可以作为通风筒，
把风牵引到房屋周围

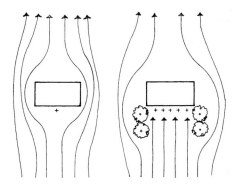

图 7-17　一些大树或者灌木丛挡住了风，使风不能轻易从房屋
侧面绕行而过，这样可以显著提高自然通风的效果

第 8 章

降 温 方 法

当前夏季降温能耗越来越大，可与采暖能耗相比，降温方法多种多样，但与当地气候条件相匹配的都有限，要深入分析。

461. 解决降温的思路，将分为三步走：

（1）包括使用遮阳设施、方位、颜色、植被、隔热材料、昼光以及控制内部热源等常规方法；

（2）被动式降温包括降温到舒适范围，或改变其他条件，使较高温度仍舒适；

（3）上述（1）（2）仍不能达到舒适要求时，可采用机械降温。

462. 历史上世界民宅被动式降温方法

在气候炎热干旱地区，窗户很小，墙面为浅淡颜色。建材多为土坯、砖块和石块，巨大而厚重，见图 8-1，这些厚重材料白天吸热，晚上释放，起到热库作用。为了通风多见招风斗或风塔等，见图 8-2 及图 8-3，在风塔中还有可蒸发水分的贮水瓶，雕花凸窗可把大部分阳光挡在窗外，又可使凉风吹进来，窗内还有布满孔眼的水罐，房屋里的空气主要来自庭院，庭院中水池造成的水分蒸发很有效。巨大的圆形屋顶建筑在干热地区很流行，白天遮阳、夜晚可辐射降温，见图 8-4。在气候炎热潮湿地区有开阔的窗户、宽敞突出的挑檐和轻便的建材，顶棚高大且有通风孔，仿佛一切都为了自然通风。

图 8-1　炎热干旱地区典型的建筑风格是，窗户很小，颜色浅淡，
建筑材料巨大而又厚重。图中为希腊圣托里尼民居
（引自 Proceedings of the International Passive and Hybrid Cooling Conference,
Miami Beach，FL，Nov，6-16，© American Solar Energy Society，1981 年）

图 8-2　图中描绘的是位于巴基斯坦海德拉巴市的风塔，
所有风塔都迎着当地的主导风向修建

图 8-3　图中描绘的是位于阿联酋迪拜市的风塔，它们可以捕捉
从各个方向吹来的风（Photography by Mostafa Howeedy）

图 8-4　尖顶石屋是在意大利阿普利亚地区修建的圆锥形石头房屋。
它们巨大厚重的建筑材料和高高的顶棚，让室内的气流分层，
使这些房屋住起来相当舒适（摘自《国际被动式和混合式制冷
大会记录》，第 6-16 页，美国太阳能协会，1981 年出版。
会议是 11 月份在佛罗里达州迈阿密滩召开。）

463. 被动式降温系统的种类：

（1）通风降温法

a、在白天和夜晚通风加速皮肤水分的蒸发，提高舒适感觉；

b、夜间通风降温，使房屋预先冷却，为第二天酷热做准备。

（2）散热降温法

a、直接散热降温法，通过房屋屋顶上的散热装置，把热量散热到夜空，从而降温；

b、间接散热降温法，房间周围的气流把热量散发到夜空，这些气流又带走房间里的热量。

（3）蒸发水分降温法

a、直接蒸发水分降温法，把水分喷洒到流入室内的空气中，降低了空气的温度但也增大室内的湿度。

b、间接蒸发水分降温法，水分的蒸发降低了进入室内的空气或房屋本身的温度，但室内的湿度未提高。

（4）利用泥土降温法

a、与泥土直接耦合，掩土建筑直接把热量散发到泥土中；

b、与泥土间接耦合，空气从地下管道进入室内。

（5）用干燥剂除湿法，消除潜热。

464. 对于不同气候地区，降温策略不同，甚至完全相悖，一般介绍是指干热地区，而湿热及温和地区另有介绍。

465. 白天的通风：白天通风的目的有两个，一是健康通风，要求定期更换室内空气；二是使湿气从人的皮肤上蒸发掉，会产生凉爽感，通常降温季节，室外温度高于室内，白天通风会把室外温度带入室内，不利于夜间的冲刷，对于湿热地区，会把湿气带到室外，但不幸的是，在大多数气候条件下，很难形成足够的风速，故多在窗户或阁楼上装风扇，用机械通风来满足要求。

466. 隔热材料在降温条件下的使用，如果像采暖时用隔热材料，夜间无法冲洗热量，即使当室外夜间温度低时也无法使热量向外释放，室内的热量被团团包围住。但一点不用，也不成，因为室外高温会使外围护结构内表面温度上升，使室内平均辐射温度上升到不可容忍的地步，可少用一点，根据实际掌握。

467. 夜间通风分两个步骤，第一步是夜间凉爽的风，使室内保温材料降温，如图 8-5，第二个步骤是次日晨把窗户关闭，阻止室外热流进入室内，如果室内气温上升较快，可用电扇使人舒适，同时产生的热量将被保温材料吸收。

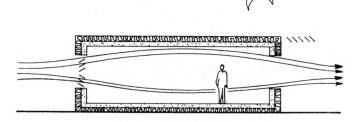

图 8-5　使用"夜间通风降温"，夜晚凉爽的风
会使房屋的保温材料降温冷却

468. 辐射散热降温

一所房屋发出的长波红外线辐射远远多于晴朗夜空发出的长波红外线辐射，这就是辐射散热，房屋中散热面积最大的是屋顶，故可在屋顶涂漆形成最佳的金属散热，见图 8-6，但阴天这种散热效应将停止，有两种白天遮阳夜晚辐射散热的结构见图8-7、图 8-8、图 8-9 及图 8-10。间接辐射散热法不是通过金属板散热，而是用它加冷空气，再进入室内散热。

469. 当水分蒸发时，它会从周围吸取大量的显热，并以水蒸气的形式把显热转换为潜热，周围的温度也随之下降。蒸发降温的方法有两类，一为直接蒸发水分降温，降温的同时也增湿；二为间接蒸发水分降温，降温但不增湿。

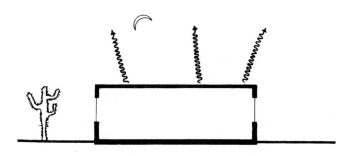

图 8-6　在湿度很小的晴朗夜晚，散热降温的效果很显著

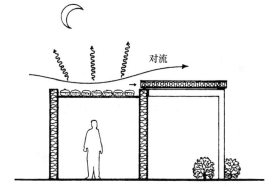

图 8-7　在夏天的夜晚，隔热材料被移开，使水袋暴露在外，
可以通过辐射来散发热量

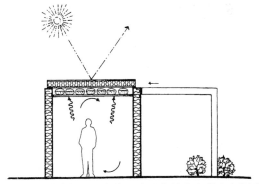

图 8-8　在夏季白天，水将阳光及炙热的室外空气隔绝，
成为下面空间的热库

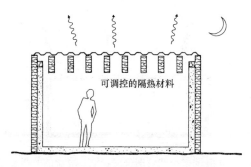

图 8-9 在晚上，可调控的隔热材料处于"开放"状态，室内的热量
就可以散发出去。这是直接散热降温的例子之一

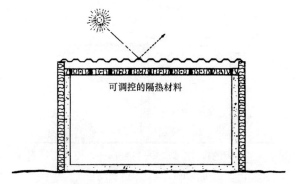

图 8-10 在白天，隔热材料处于"关闭"状态，把热量阻挡在外。
室内凉爽的保温材料这时就成了热库

470. 直接蒸发水分降温更适用于干热地区，由于湿度的增加
人体舒适的感觉甚至比降温更明显，一种典型的装置见图 8-11，
其商品见图 8-12，空气进入一个湿润的屏风再进入室内，直接向
空气喷洒水雾，更多的是营造"气氛"，而不是降温。

471. 间接蒸发水分降温，其典型例子见图 8-13，使用屋顶
水池蒸发降温，图 8-14 未用双层屋顶而且漂浮的隔热材料。一
种商品的间接蒸发水分降温装置见图 8-15。

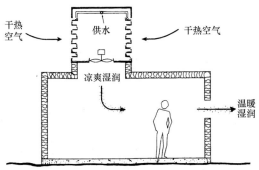

图 8-11 蒸发水分降温装置（盛水降温装置）看起来非常像是中央空调，但它们的制冷机械非常简单，也很便宜。它们只适合在气候干燥的地方使用

图 8-12 在气候炎热干燥地区，蒸发水分降温装置的使用非常普遍。图中就是一个安装在屋顶上的蒸发水分降温装置

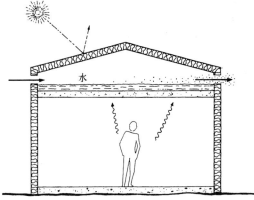

图 8-13 这是一个间接蒸发水分降温的系统，使用了屋顶水池来降温。注意，没有一点水分被蒸发到室内

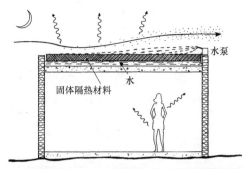

图 8-14　在这个间接蒸发水分降温的系统里，使用的是漂浮的隔热材料，而不是双层屋顶，来给水遮阳，使其免遭白天阳光和炙热空气的烘烤

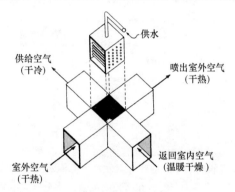

图 8-15　间接蒸发水分降温装置既可以降低室内空气的温度，而其湿度也没有增加

472. 夏季宜采用蒸发降温，方法颇多，将水池或喷泉设计在庭院中或通风的路径上，见图 8-16。

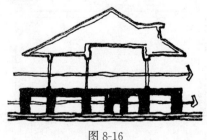

图 8-16

473. 利用植物的蒸腾作用，对室内进行降温。

474. 对屋顶、墙面和院子喷洒降温。

475. 使进入室内的空气通过水帘或一块湿润的布。

476. 温度间层在降温中的利用，在商场的大门处，由于人流大，不能加门，可加一个温度间层，即低于室内温度的冷风，把门内外温度场分开，起到阻热不限人的作用，当然这个原理也可应用到住宅的窗户上，以阻止热流对住宅室内的入侵。

477. 被动式屋顶通风机可降低阁楼的温度。如果通风机足够大或足够高，而且当地风也足够大时甚至可流动起居室的空气，一个普通风轮机就可提高 30％的烟囱效应，具体参看图8-17。

开口烟囱　　　　　风轮机　　　　　导风板
100%　　　　　　　130%　　　　　　220%

图 8-17　屋顶通风机的设计对通风的效果有很大的影响。图中显示了
　　　　相对效率的百分比（引自 Shubert and Hahn，1983 年）

478. 电扇在通风降温中的应用，大多数气候条件下，当需要通风时往往风量不足，就需要电扇来增加风量。电扇的使用目的，一是排出热空气、湿空气或污浊空气；二是把室外空气引入室内供舒适通风或夜间通风；三是当室内空气比室外空气温度低时，让空气在室内循环流动。据此可选用不同的风扇，窗户或整个房屋使用的电扇是为了通风增加舒适度或夜间通风。吊扇或台

扇使室内空气比室外更凉快或湿度更小，图 8-18 是一种阁楼上用的风扇。

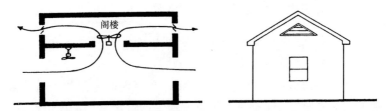

图 8-18　窗户或者整个房屋使用的电扇，是为了把室外的空气引进来，增加人的舒适程度或者夜间通风降温。吊扇或者台扇，则主要是在室内的空气比室外的空气更凉快或者湿度更小的时候使用

479. 舒适通风的规则

（1）从舒适度曲线，可判断该地所处的气候条件；

（2）使用风扇来补充风量；

（3）尽量增加吹向室内居民的风；

（4）只有在气候极其潮湿而且不需被动太阳能取暖的地区，才需要使用轻便灵巧的建材；

（5）需要适度地使用隔热材料，使平均辐射温度保持与气温接近的水平；

（6）可打开窗的面积应达到楼板面积的 20%，在迎风及背风墙上开孔应该基本对应；

（7）无论白天还是夜晚都应打开窗。

480. 夜间通风降温的规则

（1）昼夜温差超过 17℃ 的炎热干燥地区，夜间通风制冷的效果最好，但在有点潮湿的地方只有昼夜温差超过 11℃，此方法亦然。

（2）除了整晚都持续有风的地方外，应当使用窗户或者给整个屋子通风的电扇。在白天窗户关闭以后，应当停用吊扇，使室内空气流通；

（3）理想的情况是，每平方英尺的地板面积，有 80 磅的保温材料，这些保温材料的表面积应当大于地板面积的 2 倍；

（4）夜晚吹入的风应当直接吹向保温材料，确保保温材料充分散热；

（5）窗户面积应当在地板面积的 10％～15％间；

（6）窗户应该晚上打开，白天关闭。

481. 辐射散热降温的规则：

（1）在阴天频繁的地方，散热降温不能很好地发挥作用，在湿度低的地区晴天效果最好，在潮湿地区也能发挥作用，但效率较低；

（2）本降温措施主要在平房中使用；

（3）除非散热装置在被动式取暖时还要用到，否则它就应涂成白色；

（4）由于降温的效率很低，因此整个屋顶区域都应当加以利用。

482. 蒸发水分降温的规则：

（1）直接蒸发水分只适合气候干旱地区；

（2）间接蒸发水分降温在干旱地区效果最好，但也可以在气候潮湿地区使用，因为它不会增加室内空气湿度。

483. 利用泥土的降温规则：

（1）任何深度的底土恒定温度都近似于当地的年平均气温；

（2）当底土的恒定温度稍微低于 26℃时，与泥土直接耦合降温的效果最好。如泥土太冷，房屋就必须与地面隔离；

（3）在冬天寒冷的干旱地区，使用地下管道效果相当不错，在潮湿地区水汽凝结会对健康不利；

（4）在潮湿地区，井壁或地下管道上凝结的水分可能会导致生物生长，这也是一大难题；

（5）与泥土直耦的结构（地下建筑）会妨碍空气自然流通，而空气流通又是炎热潮湿地区最优先考虑的问题，因此利用泥土降温在干旱地区效果最好，但在潮湿地区问题很多。

484. 用保温材料减少夏季的巨大的昼夜温差，夜间通风降温法是个普遍而适用的方法，其中作为蓄热体的保温材料起到至关重要的作用。

485. 采用厚重的建材作为蓄热体，因为它的热容量高，如：砖、混凝土、石头和土坯等。

486. 在保温材料的外面设置隔热层，甚至内外墙之间的隔热夹层。

487. 利用泥土和岩石与无隔热层的墙体直接接触，见图 8-19、图 8-20 及图 8-21。

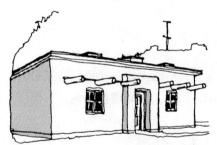

图 8-19　采用保温材料来减小高温的影响

图 8-20　用泥土作保温材料

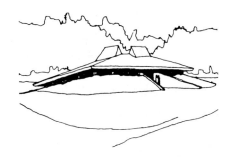

图 8-21　用保温土坡或斜坡地形作掩土建筑

488. 白天将所有的开口关闭，隔绝热空气进入。

489. 晚间将门窗打开，让凉爽的空气进入，使夜间保温材料最大化冷却。

490. 由于水的热容量大，可把它做保温材料使用，但装水容器传热要尽可能好，以使水吸收和放出热量。

491. 也可采用辐射降温和蒸发降温法作为夜间保温材料降温的辅助方法。

492. 用地下管道、地源热泵及空气源热泵来促进地面降温。

第 9 章

夏季将热空气挡在室外

493. 设计紧凑一些,力争将表面积/体积(即 n 值)减到最小,见图 9-1。

图 9-1 采用紧凑、隔热良好,涂白的建筑

494. 建造毗连式住宅,减小外墙数量,见图 9-2。

图 9-2 采用毗连式住宅群以减小外墙面积

495. 用植被和遮阳构筑物维持建筑四周空气的凉爽,防止阳光反射进窗户,见图 9-3。

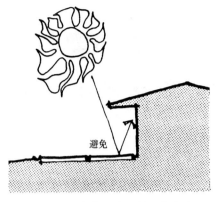

图 9-3　避免将阳光反射入窗户内

496. 建造地下形式或保温土坡的掩土建筑。

497. 在建筑外围护结构中使用充足的隔热材料。

498. 减小窗户的面积和数量，将空气挡在户外。

499. 窗户内外悬挂百叶，在炎热气候下使用双层玻璃，更热的地区，还可在窗户上覆盖可移的隔热体或反射膜，以便在白天使用这些房间。

500. 将热源隔离在单独的房间、厢房或建筑内。

501. 对建筑多房间使用时间进行划分，以便使某些房间只有在被使用时是凉爽的。

502. 屋顶及外墙面都尽量为浅色，以便反射太阳热。

第 10 章

湿热地区，夏季应避免增加额外的水汽

> 同样降温方法，对于干燥和潮湿地区都有不同的策略，下面是对潮湿地区的策略。

503. 增加湿度的蒸发降温法不适于湿热地区。

504. 使用地下灌溉或滴水灌溉，不要使用喷洒灌溉。

505. 避免建造水池或喷泉。

506. 能用合适的排水措施保证建筑物周围的干燥，屋顶的雨水排水槽和铺地面的雨水排水槽要远离建筑物。

507. 用渗透性材料铺地，防止地面积水。

508. 尽量少种植物，尤其室内，或种植蒸腾作用弱散发水汽少的植物，这些植物往往是干旱气候区域的本地植物。

509. 由于太阳热会大大增加蒸腾作用和蒸发速度，因此对室内外的植物和水池都要提供遮阳。

510. 在厨房、浴室和洗衣房等房间安装排气扇，排走多余的湿气，见图 10-1。

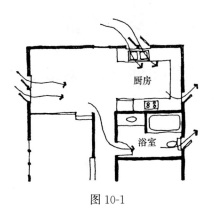

图 10-1

第 11 章

对温暖地区的降温策略

511. 将房屋对户外开敞，因为一年大部分时间内气温很舒适。

512. 营造朝向不同的户外活动空间，方便一年四季使用，如冬季使用南向，而夏季则使用北向。

513. 营造户外起居空间，有遮阴防止夏季烈日暴晒，同时可抵挡冬季冷风。

514. 房屋设计不紧凑，以便与户外有最大程度的联通。设计时注意增加房屋的延伸部分或厢房，以提供户外活动空间。

515. 大量采用可启闭的门窗，甚至可移动的墙，增加与室外的联通。

516. 设计类似于亭子般的通透房屋，少采用室外分隔并减少外墙。

参 考 文 献

[1] （美）诺伯特·莱希纳. 建筑师技术设计指南——采暖·降温·照明（原著第二版）. 北京：中国建筑工业出版社，2004.

[2] （美）G. Z·布朗及马克·德凯. 太阳辐射·风·自然光. 北京：中国建筑工业出版社，2008.

[3] （日）彰国社. 被动式太阳能建筑设计. 北京：中国建筑工业出版社，2004.

[4] （意）Michele Vio. 散热器采暖与地板采暖系统之比较. 北京：中国建筑工业出版社，2010.

[5] 何水清，何劲波，魏德林. 现代住宅建筑节能与应用. 北京：化学工业出版社，2010.

[6] （美）丹尼尔·D·希拉. 太阳能建筑—被动式采暖和降温. 北京：中国建筑工作出版社，2008.